AI绘画
技术、创意与
商业应用
全解析
绘蓝书源 著
U0221763
化学工业出版社
·北京·

内容简介

《AI绘画：技术、创意与商业应用全解析》是一本全面介绍人工智能绘画技术和应用的实用指南。本书旨在为艺术创作者、设计师以及对AI绘画感兴趣的读者提供一个系统的学习路径，从基础概念到高级技巧，再到实际案例应用，涵盖了AI绘画的各个方面。全书分为5篇，通过理论+实例的形式分别介绍了AI基础、Midjourney、Stable Diffusion、Photoshop和相关案例的应用。

《AI绘画：技术、创意与商业应用全解析》不仅是一本技术教程，更是一本创意启发书。它将帮助读者在AI绘画的浪潮中找到自己的创作方向，提升艺术创作能力，并在各自的领域中实现创新和突破。通过阅读本书，无论是初学者还是有经验的创作者，都将能够掌握AI绘画的精髓，创造出令人印象深刻的艺术作品。

图书在版编目（CIP）数据

AI 绘画 ： 技术、创意与商业应用全解析 / 绘蓝书源著. -- 北京 ： 化学工业出版社， 2024. 10. -- ISBN 978-7-122-38498-0

Ⅰ. TP391.413

中国国家版本馆 CIP 数据核字第 2024XZ5248 号

责任编辑：刘晓婷　　　　责任校对：王　静

出版发行：化学工业出版社（北京市东城区青年湖南街13号　邮政编码 100011）

印　　装：北京宝隆世纪印刷有限公司

710mm × 1000mm　1/16　印张9¾　字数250千字　2025年1月北京第1版第1次印刷

购书咨询：010-64518888　　　　售后服务：010-64518899

网　　址：http://www.cip.com.cn

凡购买本书，如有缺损质量问题，本社销售中心负责调换。

定　　价：78.00元

前言

人工智能是当今时代新兴的颠覆性技术，对经济发展、社会进步等方面产生了影响，也逐渐改变了人们的生活方式和工作模式。近几年来，各种各样的 AI 软件横空出世，其中比较有影响力的几款软件有：Midjourney、Stable Diffusion 等。通过简单的指令提示，就能让 AI 在短时间内创作出相应的图像作品。

为了满足广大 AI 爱好者的学习和实际工作需求，我们创作了《AI 绘画：技术、创意与商业应用全解析》。

在基础篇中，第 1 章将引导读者了解 AI 绘画的基本概念和应用领域，为后续学习打下坚实的基础。第 2 章则介绍了 AI 绘画中常用的辅助工具，为读者提供了多样化的选择。

进入 Midjourney 篇，第 3 章至第 7 章详细介绍了 Midjourney 软件的准备、操作基础、以图生图的技巧、常用参数介绍以及如何提高图像的质量。这些章节将帮助读者掌握 Midjourney 的核心功能，从而创作出高质量的 AI 绘画作品。

Stable Diffusion 篇则从第 8 章开始，深入探讨了 Stable Diffusion 软件的准备、基础操作和部分插件的应用。这些内容将使读者能够利用 Stable Diffusion 进行更加专业和个性化的创作。

第 11 章到第 13 章为 Photoshop 篇，为读者提供了 Photoshop 的基础操作、抠图与蒙版处理以及文字处理的详细教程。这些章节将帮助读者在 AI 绘画的基础上，进行后期处理和细节优化。

第 14 章到第 18 章为实战篇，通过插画绘制和海报设计、包装和 VI 视觉设计、电商相关设计、摄影作品制作、家具及建筑设计等多个实际案例，展示了 AI 绘画技术在不同领域的应用。这些案例不仅提供了丰富的创作灵感，还展示了如何将AI绘画技术与实际设计需求相结合。

本书有以下特色：

一、主流AI绘画软件的深度解析

本书不仅囊括了当前市场上主流的AI绘画软件，如Midjourney和Stable Diffusion，更深入探讨了它们的核心技术与操作技巧。通过对这些软件的学习，您将能够紧跟AI绘画技术的潮流，掌握其精髓。

二、多个软件的综合应用

在AI绘画的世界中，单一软件往往难以满足所有创作需求。本书特别强调了不同软件间的协同工作，指导您如何将Midjourney、Stable Diffusion以及Photoshop等工具进行有效整合，以实现更加丰富和个性化的创作效果。

三、涵盖众多商用实战案例

理论的学习与实践的应用同等重要。因此，本书通过一系列精心设计的实战案例，从插画绘制到海报设计，从包装视觉到电商设计，甚至摄影作品和家具建筑设计，全面覆盖了AI绘画在不同领域的应用。这些案例不仅提供了丰富的创作灵感，更确保了您学完即可将所学知识应用于实际工作中，快速提升您的创作效率和作品质量。

无论您是初学者还是有经验的用户，我们希望本书能成为您学习和应用AI的得力工具，助力您的工作和生活。

参与本书编写的有舒芋、豆芽、苏叶等，另外金木周、大铃等在本书的创作过程中给予了帮助和指导，在此表示感谢。尽管本书经过了精心审读，但限于时间、篇幅，难免有疏漏之处，望各位读者体谅包涵，不吝赐教。

目录

基础篇

随着人工智能技术的不断发展，人们的生活变得越来越便捷。AI 技术正在不断影响各行各业，尤其是艺术创作领域。如今，AI 绘画已经被广泛应用于各种行业场合，提供了新兴的创意和可能性。

第 1 章 什么是 AI 绘画

在 AI 技术的推动下，绘画领域正经历着前所未有的发展和变革。通过预设模型和人工算法，计算机可以自动完成绘画，这就是基于人工智能技术的 AI 绘画。AI 绘画比传统绘画速度更快、创意性更强，能够在很短的时间内创造出高质量的绘画作品。

1.1 了解 AI 绘画

AI 绘画是一种新兴技术，结合了计算机视觉和图像处理等技术，利用人工智能创作画作的方法，原理是让人工智能在成百上千万的图像库中进行学习，理解不同画派的笔触、光色和风格，在这样规律地记忆和学习后，再输入相关的提示词指令时，AI 就可以根据这些文本内容在图像库中寻找相关的图形要素，进行数字化的总结和组合，从而达到复现的效果，满足从艺术创作到商业设计的多样化需求。

如今，比较热门的 AI 绘画软件包括 Midjourney、Stable Diffusion 等，已经成为创意行业的热门应用。用户可以在这些软件中根据自己的想法对图像内容进行精细调整。AI 绘画主要分为文生图和图生图两种模式，前者是在文本输入提示词的基础上生成图像，后者则是在输入的原图像的基础上生成全新图像。

1.2 AI 绘画的应用领域

由于 AI 绘画的高效性和创意性，如今已经被广泛应用到多个行业领域中。

●插画绘制

AI 绘画最常见的领域就是插画绘制行业，插画师可以使用 AI 技术来辅助绘画过程，比如提供构图灵感、颜色参考等建议。不仅如此，AI 技术还可以用于自动修补画作的残缺部分、局部修改或修复古老的艺术作品等。如图 1.2-1 所示，是 AI 模仿梵高的绘画风格生成的插画作品。

图1.2-1

● 广告设计

广告设计行业同样可以利用 AI 绘画这项新技术。其中最常见的领域就是海报制作，设计师可以利用文生图方式，输入广告文案，让 AI 生成符合文案要求的图像，并在此基础上进行二次创作，就可以大大降低时间和人力成本，提高工作效率。如图 1.2-2 和图 1.2-3 所示，是 AI 生成的节气主题海报。

图1.2-2　　图1.2-3

●产品设计

AI 绘画还可以广泛应用于产品的设计，如拼图设计、DIY 手作类制品、工艺产品等。可以在初步设计的过程中提供样式、材质上的参考。如图 1.2-4 所示，是 AI 生成的香水制品。

图1.2-4

●游戏设计

因为游戏中需要大量角色和场景的制作以及特效的设计，所以游戏设计也成了 AI 绘画的其中一个重要应用领域。设计师可以通过输入场景描述的提示词，让 AI 自动生成符合需求的图像，从而加快游戏开发的速度。如图 1.2-5 所示，是 AI 模仿任天堂风格生成的场景作品。

图1.2-5

● 摄影制作

AI 绘画同样可以辅助摄影过程的进行，比如为摄影师提供画面的整体构图和色调上的参考等。除此之外，AI 技术还提供换脸等功能，足不出户就可以轻松得到属于自己的照片。如图 1.2-6 所示，是 AI 生成的摄影人像作品。

图1.2-6

第 2 章 AI 绘画的辅助工具

如果想要用 AI 工具进行绘画，在学习 AI 相关软件之前，首先还需要学习运用相关的辅助工具，这样才能更高效地生成图像。

2.1 用翻译软件撰写提示词

如今市面上有不少 AI 绘画软件都是国外开发的，在输入提示词时需要用英文才能让软件更好地理解。这时，就可以使用翻译软件辅助提示词的撰写。

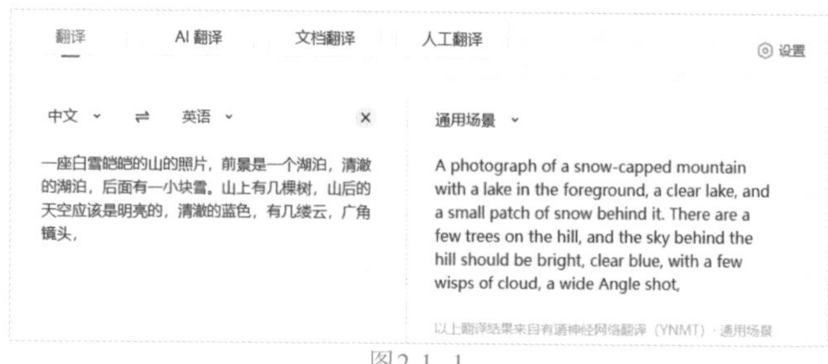

图2.1-1

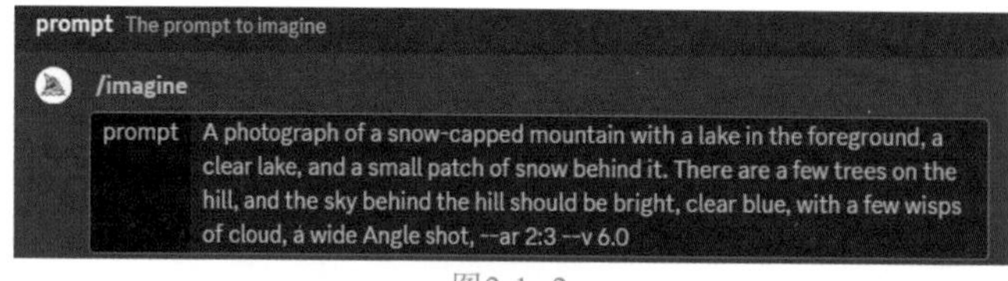

图2.1-2

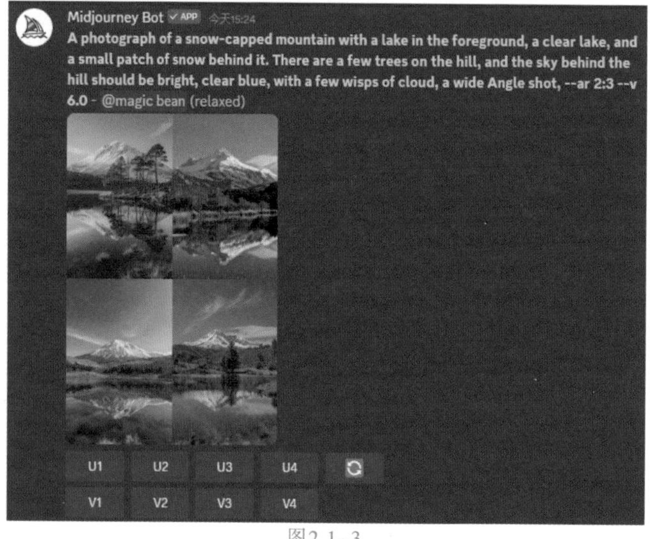

图2.1-3

如图 2.1-1~图 2.1-3 所示，先用中文对想要的图像画面进行描述，再用翻译器将其翻译成英文（为了提高准确率，可以使用 2~3 个翻译器，再自行调整结合翻译结果），并设置好相关参数，就可以得到想要的图像了。

2.2 用 AI 工具来辅助创意

如果文字功底较差，形容不出自己想要的画面，还可以使用一些 AI 工具来辅助进行提示词的撰写，比如运用具有强大写作能力和翻译功能的 ChatGPT。

如图 2.2-1 和图 2.2-2 所示，先给 ChatGPT 设定任务背景，在确保 ChatGPT 能理解的情况下，再提供想要的画面主体词，ChatGPT 就可以提供对应的提示词了。

You

我正在使用AI绘画工具Midjourney生成图像。Midjourney是一款人工智能图像生成软件，可以在提示词的基础上生成对应的图像。接下来我将描述画面的主体内容，请将这个主体内容扩展成一个复杂且精美的场景，并根据这个场景写两段完整的中英文对照提示语。这条提示语需要准确描述中场景的画面、风格、光线、画质等。并尽量使用简短的单词和语句，如果明白了请回答明白。

ChatGPT

明白了！请描述您想要生成的图像的主体内容。

You

客厅

图2.2-1

ChatGPT

好的，您描述的是一个客厅的场景。我会在这个基础上扩展成一个复杂且精美的场景，并写出相应的中英文对照提示语。

扩展场景描述:

想象一个宽敞的现代客厅，有着大面积的落地窗，窗外是壮观的海景。客厅的主色调为柔和的蓝色和灰色，布局简洁而现代。一边的墙上挂着抽象的艺术画，另一边则是一排书架，摆满了各种书籍。客厅中央放置一个大型的L形沙发，沙发上铺着舒适的抱枕。房间的一角设有一个小型的吧台，上面放着几个高脚杯和一瓶精致的酒。整个房间的光线来自于柔和的天花板灯光和窗外的自然光，营造出一种温馨而放松的氛围。

中英文对照提示语:

1. 想象一个宽敞的现代客厅，主色调为柔和的蓝色和灰色，布局简洁。客厅装饰有大面积落地窗，窗外是壮观的海景。中央的大型L形沙发上铺着舒适的抱枕，一角设有带高脚杯的小型吧台。
   - Imagine a spacious modern living room with a soft blue and gray color scheme and a simple layout. The room features large floor-to-ceiling windows with a spectacular sea view. A large L-shaped sofa with cozy pillows occupies the center, with a small bar corner featuring high stools.
2. 墙上挂着抽象艺术画，一侧是满载书籍的书架。整个房间的光线由柔和的天花板灯光和窗外的自然光共同营造出温馨放松的氛围。
   - Abstract art hangs on the walls, and one side features a bookshelf filled with various books. The lighting in the room combines soft ceiling lights and natural light from outside, creating a warm and relaxing atmosphere.

图2.2-2

如图 2.2-3 和图 2.2-4 所示，把复制得到的提示词，填写到 Midjourney 文本框中的 /imagine 命令后面，并设置好相关参数，就可以得到想要的图像了。

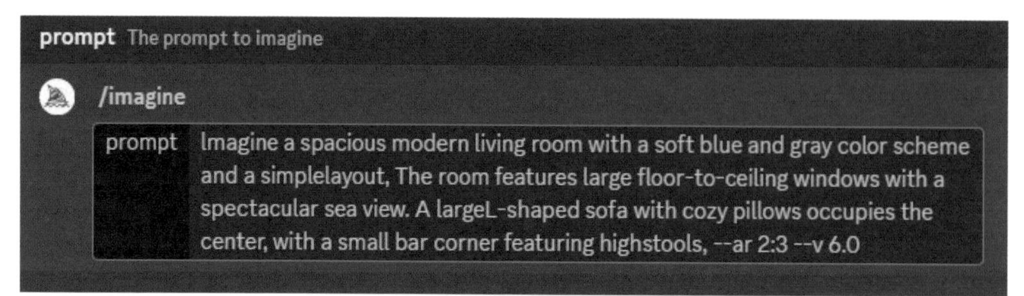

图2.2-3

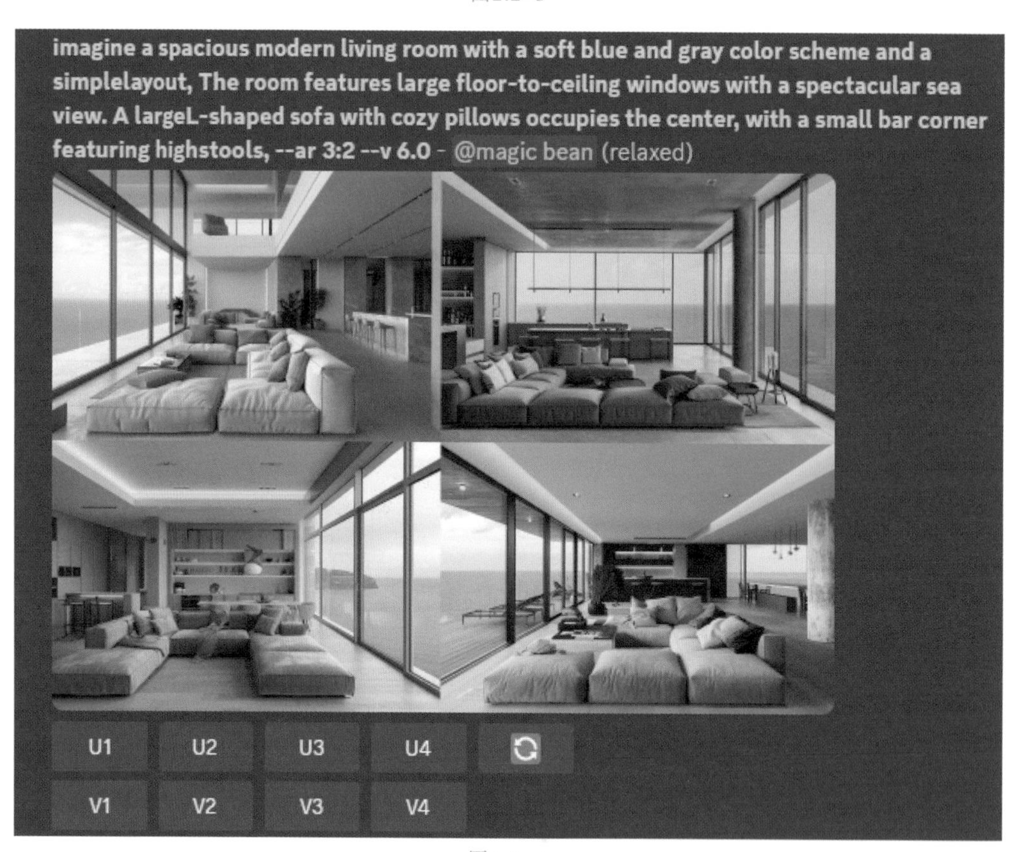

图2.2-4

Midjourney 篇

Midjourney 是一款 AI 制图工具，只要通过指令进行操作，输入提示词文本，就能通过 AI 人工算法迅速生成与提示词相匹配的图像。这项全新的技术为艺术和创意行业提供了全新的可能性。

第 3 章 Midjourney 的软件准备

Midjourney 是一个由 Midjourney 研究实验室开发的人工智能程序。其操作简单、功能完整，且生成的图像质量高、速度快。如果想要学习使用 AI，建议先从 Midjourney 入手。本章主要负责讲解绘图前的软件准备，包括注册、安装，创建服务器等内容。

3.1 注册与安装

Midjourney 运行在 Discord（一款免费的聊天程序）平台上，如果想要使用 Midjourney，必须通过 Discord 机器人的指令进行操作。所以首先需要注册一个 Discord 账号。Discord 可以下载客户端，也可以直接在浏览器内登录使用。

3.1.1 注册

在使用 Midjourney 之前，需要先进行注册。

步骤① 打开浏览器，在搜索栏中输入 Midjourney 官网网址，按回车键进入 Midjourney 官网。

步骤② 如图 3.1-1 和图 3.1-2 所示，单击底部的“Join the Beta”按钮，进入注册页面。根据要求在文本框内输入昵称，完成后单击“继续”按钮。

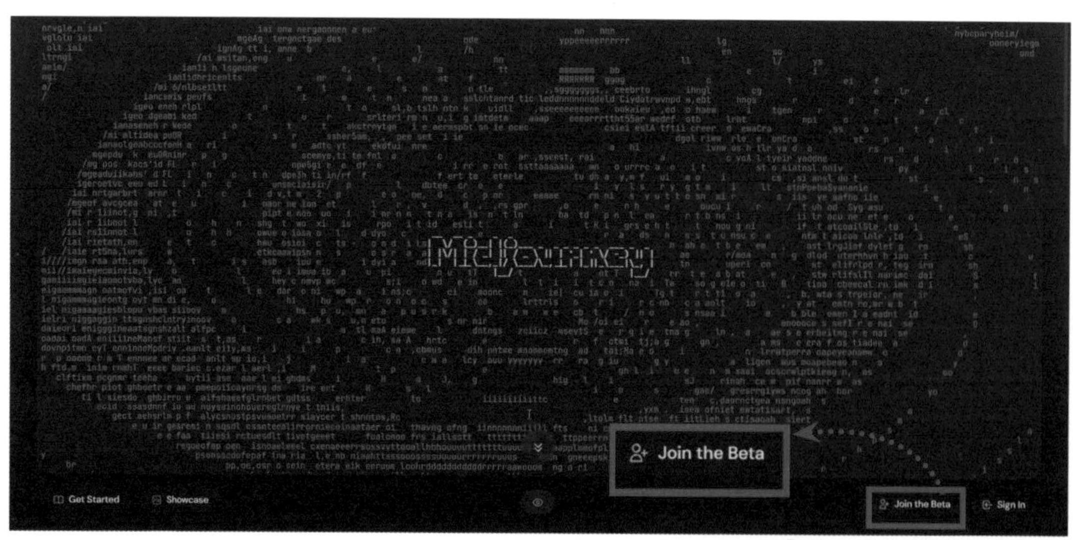

图3.1-1

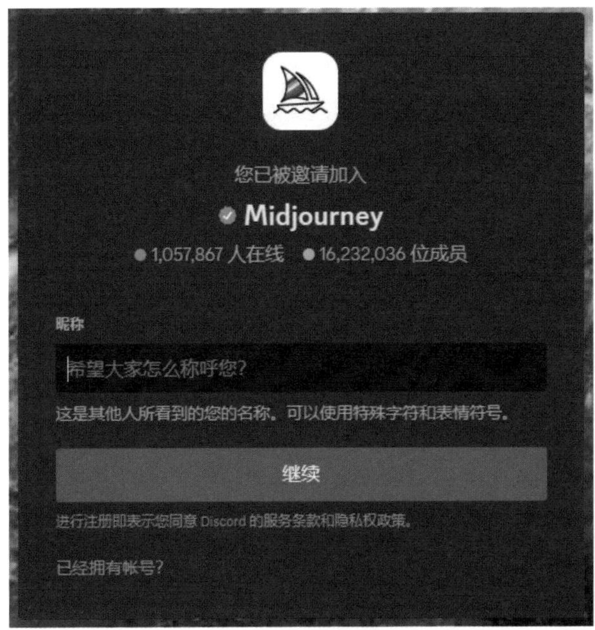

图3.1-2

步骤③ 如图 3.1-3 所示，单击“我是人类”前的方框，并完成相关测试，即可通过身份验证。

图3.1-3

步骤④ 在确认年龄的文本框内填写年龄，注意这里一定要填写 18 岁以上，否则会被驳回请求，且后续关联账号也无法再申请，完成后单击“确定”按钮。

步骤⑤ 如图 3.1-4 所示，依次填写自己的电子邮箱及密码，完成后单击下方的“认证账号”按钮。随后会提示“已向邮箱发送注册确认链接”。

步骤⑥ 进入注册时填写的邮箱，点击链接，完成确认。即可成功注册 Midjourney 账号。

完成注册
请输入电子邮件地址和密码，以验证您的账号。
电子邮件
密码
认证账号

图3.1-4

3.1.2 安装

注册完成后，就可以开始安装了。

步骤① 打开浏览器，在搜索栏中输入 Discord 的网址，按回车键进入 Discord 官网。

步骤② 如图 3.1-5 所示，点击界面内的“Windows 版下载”按钮。

图3.1-5

步骤③ 在Discord下载完成后，点击网页右上角的“打开文件”并进行安装。如图3.1-6所示，打开软件，输入注册时填写的邮箱和密码，点击“登录”按钮，即可开始使用。

图3.1-6

3.2 创建个人服务器

进入 Midjourney 的主界面后，需要创建属于自己的个人服务器。因为使用 Midjourney 的公共服务器的人数较多，不方便查找自己的绘画作品或创作个人工作流。接下来，就简单介绍一下如何创建个人服务器。

步骤① 如图 3.2-1 所示，单击界面左侧的“+”号。

图3.2-1

步骤② 如图 3.2-2 和图 3.2-3 所示，单击“亲自创建”按钮和“仅供我和我的朋友使用”按钮。

图3.2-2

图3.2-3

步骤③ 如图 3.2-4 所示，根据自己的需求自行更改头像，并在“服务器名称”文本框中输入昵称，完成后点击右下角的“创建”按钮。

当出现如图 3.2-5 所示的界面时，即代表个人服务器创建成功。

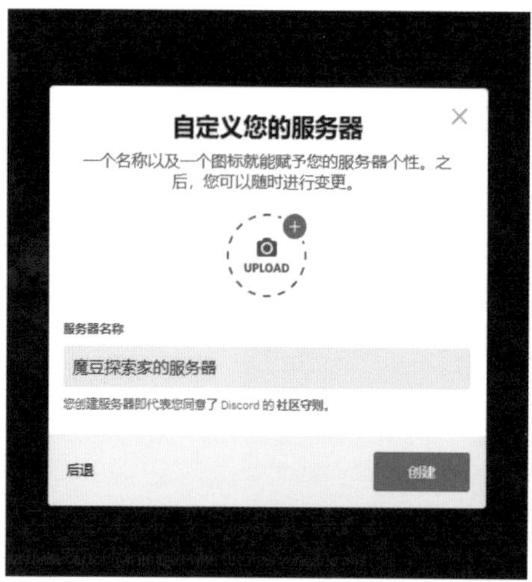

图3.2-4

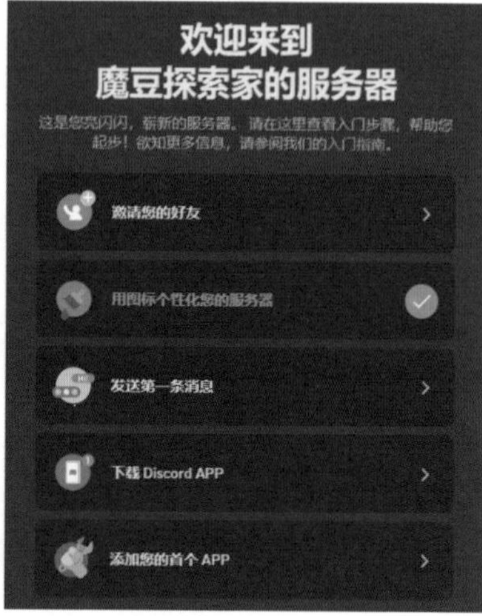

图3.2-5

3.3 如何添加绘图机器人

在创建了个人服务器后，还需要邀请 Midjourney 机器人进入服务器，这样才能提供后续的绘画服务。接下来，就简单介绍一下如何在个人服务器中添加绘图机器人。

步骤① 如图 3.3-1 所示，单击 Midjourney 的小帆船图标，进入公共社区界面。单击左侧菜单栏中的“NEWCOMER ROOMS”。

步骤② 如图 3.3-2 所示，单击界面内 Midjourney Bot 的帆船标识，在弹出的界面中选择“添加至服务器”。

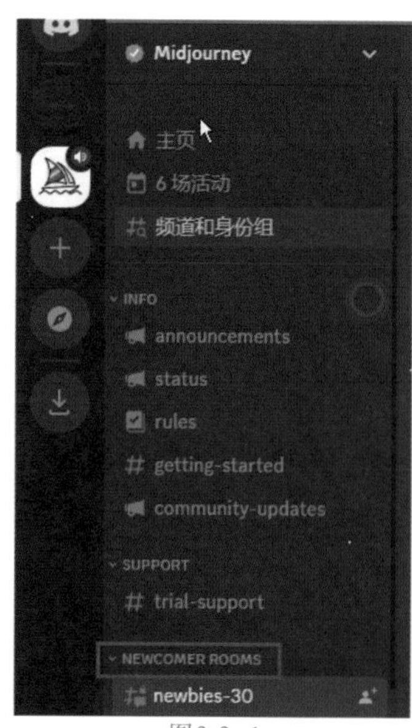

图3.3-1

图3.3-2

步骤③ 如图 3.3-3 所示，在“添加至服务器”栏中选择自己方才创建的个人服务器，并单击右下方的“继续”按钮，完成相关的授权和人机验证。

当出现如图 3.3-4 所示的界面时，即代表绘图机器人邀请成功，接下来就可以前往自己的服务器进行绘画创作了。

图3.3-3

图3.3-4

第 4 章 Midjourney 操作基础

如果想要用 Midjourney 生成图像，首先需要了解 Midjourney 的基础操作和不同命令的基本功能。只有在学习并掌握了理论知识的基础上，才能辅助更好地生成理想的图像。

4.1 认识命令

如图 4.1-1 所示，在 Discord 最下方的命令输入区域输入英文符号 / 后，Midjourney 会自动弹出系列命令。接下来，简单介绍下这常见命令的基本功能。

● /imagine：想象功能，是 Midjourney 最基础的绘画命令。只要输入提示词就可以开始绘画，即用文本生成图像。

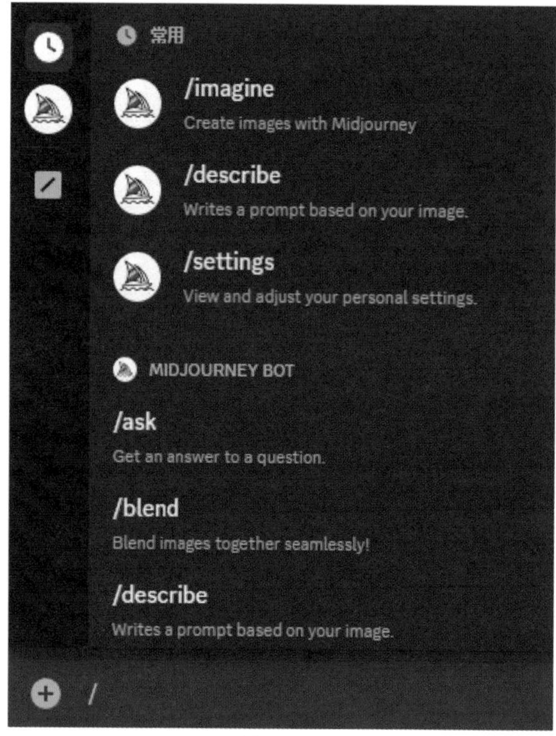

图4.1-1

● /describe：描述功能，可以反推出上传图像的提示词，Midjourney 会根据图像生成 4 条对应的提示词。

● /settings：设置功能，可以在这里开启 Midjourney 的出图设置面板，从而对各种参数进行设置。

● /ask：提问功能，如果有不明白的问题，可以向 Midjourney 机器人求助。只要在后面的文本框内输入问题，就可以得到使用上的帮助。

● /blend：混合功能，可以自动融合上传的图像（数量控制在 2 ~ 5 张），并生成融合了这些图像要素的全新图像，是图生图的其中一种方法。

4.2 输入提示词

用 Midjourney 生成图像的方式主要有 3 种：文生图、图生图和通过混合图像生成新图像。其中，文生图是最常用的方式，只要输入想要的绘画内容的相关提示词，Midjourney 就可以根据提示词生成图像。

步骤① 如图 4.2-1 所示，在界面下方的文本框内输入英文符号 /，并选择 /imagine 命令。

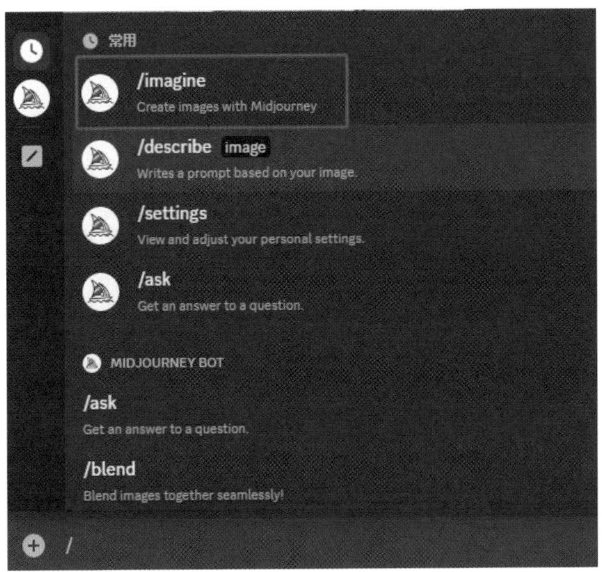

图4.2-1

步骤② 如图 4.2-2 所示，在 /imagine 命令后的 prompt 栏中，输入想要的绘画内容的相关提示词。比如想画一只可爱的小兔子，就可以直接输入提示词：A cute rabbit（一只可爱的小兔子），完成后按回车键发送命令。

图4.2-2

步骤③ 如图 4.2-3 所示，即可生成对应的图像。

图4.2-3

步骤④ 如图 4.2-4 所示，点击生成的图像，选择左下方“在浏览器中打开”。右击在浏览器中打开的图像，选择“图片另存为”选项即可完成保存。

图4.2-4

4.3 出图界面的辅助功能介绍

除了最基本的文生图流程外，Midjourney 的出图界面中还涉及了不少其他的辅助功能。以 4.2 节生成的图像为例，简单介绍一下出图界面内各按钮的作用。

4.3.1 U1~U4 按钮

如图 4.3-1 所示，U1~U4 是指生成的图像从左至右、从上到下的顺序。单击对应的按钮，就能将相应序号的初始图像进行放大，得到单独输出的高分辨率图像。

图4.3-1

如图 4.3-2 和图 4.3-3 所示，如果喜欢第 2 张图像的效果，就可以单击下方的 U2 按钮，即可得到单独输出的高分辨率 U2 图像。

图4.3-2

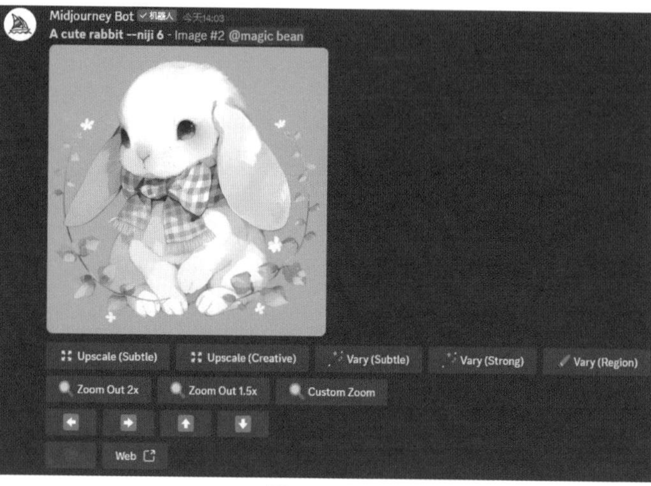

图4.3-3

4.3.2 V1~V4 按钮

V1~V4 指生成的图像从左至右、从上至下的不同风格。单击对应的按钮，就可以在所选序号的图像的风格基础上，重新生成 4 张相似风格的新图像。

如图 4.3-4 和图 4.3-5 所示，如果喜欢第 3 张图像的风格，就可以单击下方的 V3 按钮，在弹出的窗口内单击提交，则可得到风格相近的 4 张新图像。

图4.3-4

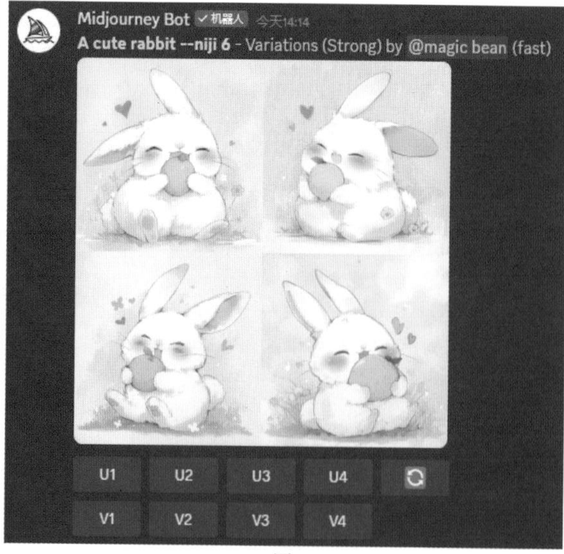

图4.3-5

如果喜欢这张图像的风格，但想对图像的主体物进行修改，可以在单击 V3 按钮后弹出的窗口内修改提示词，比如想生成 4 张 V3 风格的小狗图像。

步骤① 单击下方的 V3 按钮。

步骤② 如图 4.3-6 所示，在弹出的文本框窗口中将提示词修改为：A cute dog（一只可爱的小狗），完成后单击右下方的“提交”按钮。

图4.3-6

步骤③ 如图 4.3-7 所示，即可生成 4 张风格相似的小狗图像。

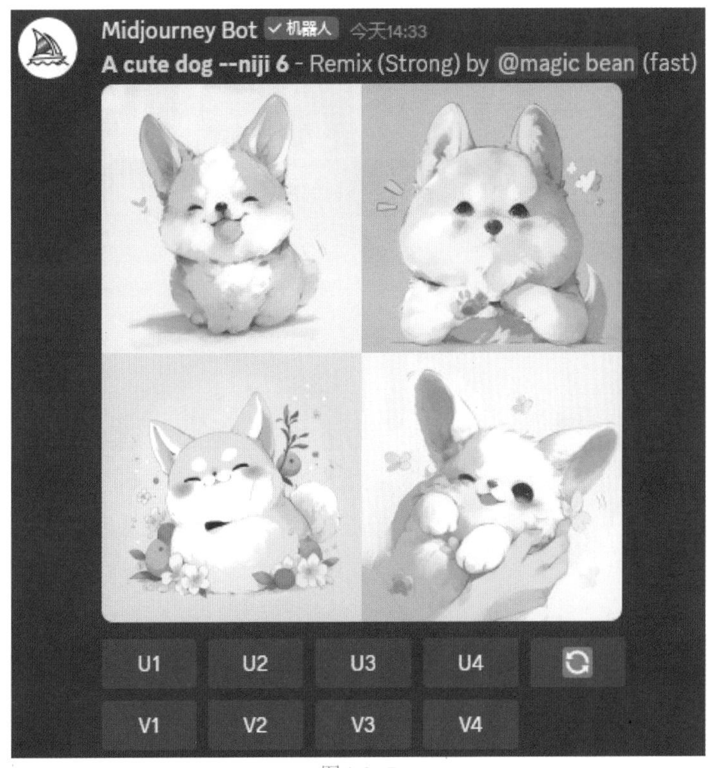

图4.3-7

4.3.3 按钮

面板最右方的旋转按钮，代表同一提示词的反复重绘。点击按钮，可以得到相同提示词生成的不同效果图。同时，也可以在弹出的文本框窗口中修改部分提示词。比如想要将刚才生成的小兔子变成 2 只。

步骤① 单击按钮。

步骤② 如图 4.3-8 所示，在弹出的窗口内，将提示词修改为：Two cute rabbit（两只可爱的小兔子），完成后单击右下方的“提交”按钮。

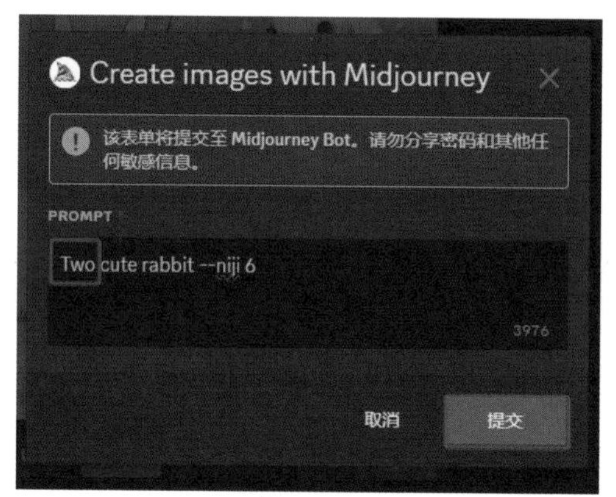

图4.3-8

步骤③ 如图 4.3-9 所示，即可生成 4 张 2 只小兔子的图像。

图4.3-9

第 5 章　如何以图生图

如果想要的图像风格难以描述，或想在真实照片的基础上进行风格转化，Midjourney 强大的模仿能力可以起到很大的帮助。可以通过上传图像的方式，利用 Midjourney 的图生图功能，绘制出全新的图像。

5.1 如何垫图

垫图，即通过图生图的方式来生成全新的图像。当提供了一张图像作为参考后，Midjourney 就可以仿照该图像的风格进行新图像的生成。比如想以自己的真实照片为底，制作一张相似的卡通头像。

步骤① 如图 5.1-1 和图 5.1-2 所示，单击输入栏左侧的 + 号，选择“上传文件”。打开自己的照片，按回车键上传。

图5.1-1

图5.1-2

步骤② 如图 5.1-3 所示，右击上传的图像，在弹出的菜单栏中，选择“复制链接”。

图5.1-3

步骤③ 如图 5.1-4 所示，在界面下方的文本框内输入英文符号 /，按照文生图流程选择 /imagine 命令，在 prompt 框后粘贴刚才复制的图像链接。

图5.1-4

步骤④ 如图 5.1-5 所示，在粘贴的链接后输入空格，以此区分链接和后续的提示词。如果想要 Midjourney 将这张照片转为一张皮克斯卡通风格的头像，就可以在空格后继续输入相关提示词：Portrait of young girl, Pixar style, C4D rendering, --iw 1.5 --v 6.0（年轻女孩肖像，皮克斯风格，C4D 渲染，--iw 1.5 --v 6.0）。完成后按回车键发送。

图5.1-5

步骤⑤ 如图 5.1-6 所示，即可生成 4 张参考上传图像后的皮克斯风格的头像。

Midjourney Bot ✓机器人 今天14:44
https://s.mj.run/LgXklkZU0hk Portrait of young girl, Pixar style, C4D rendering, --iw 1.5 --v 6.0 - @magic bean (fast)
U1
U2
U3
U4
V1
V2
V3
V4

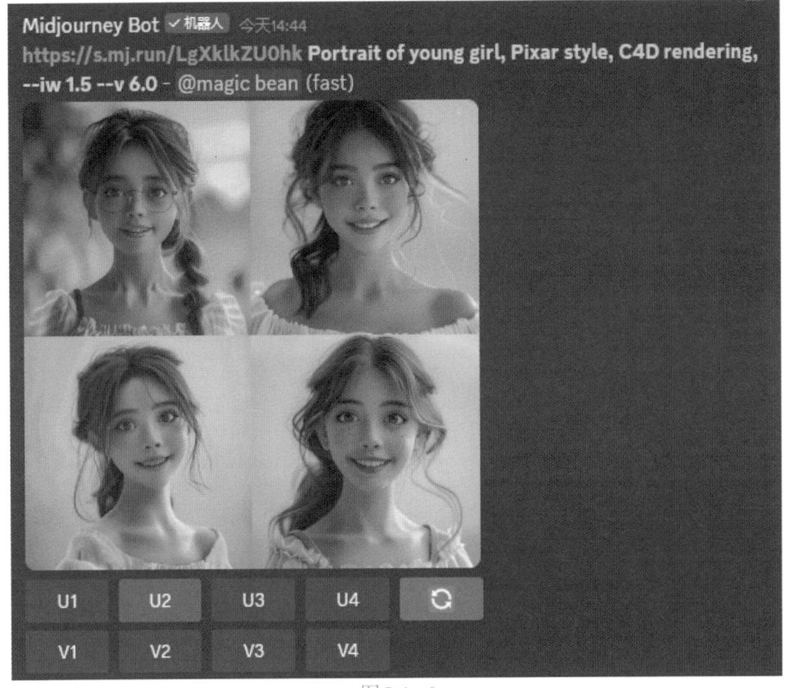

图5.1-6

5.2 iw 相似度参数的使用

如图 5.2-1 所示，在 5.1 节的图生图案例中可以看到，图生图的提示词主要分为参考图链接、风格描述词和后缀参数这 3 个部分。

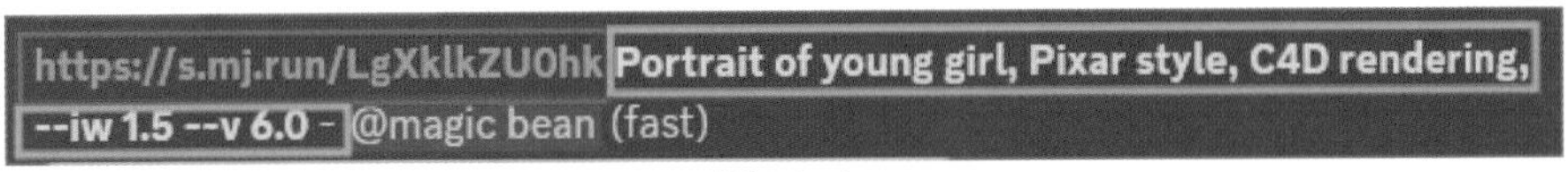

https://s.mj.run/LgXklkZU0hk Portrait of young girl, Pixar style, C4D rendering, --iw 1.5 --v 6.0 - @magic bean (fast)

图5.2-1

iw 数值可以控制生成的图像受原图及提示词的影响程度。默认的 iw 数值为 1，设置区间在 0.5~2 范围内，数值越高，最后生成的图像受影响程度越大，相似度就越高。

以 5.1 节的图像为例，不同数值的 iw 值对图像的影响如图 5.2-2~ 图 5.2-5 所示。当 iw 值为 0.5 时，图像和参考图差距较大。而后随着 iw 数值的增长，生成的画面效果和参考图越来越相似。

图5.2-2

图5.2-3

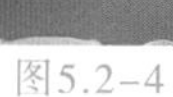

图5.2-4

图5.2-5

5.3 多图融合

Midjourney 除了可以通过垫图 + 提示词的方式生成新图像外，还可以进行多图融合。即同时提供 2~5 张参考图，Midjourney 将提取并结合这几张图像的元素，重新生成全新的图像。

比如想混合自己的照片和宫崎骏风格的图像。

步骤① 如图 5.3-1 所示，在界面下方的文本框内输入英文符号 /，并选择 /blend 命令。

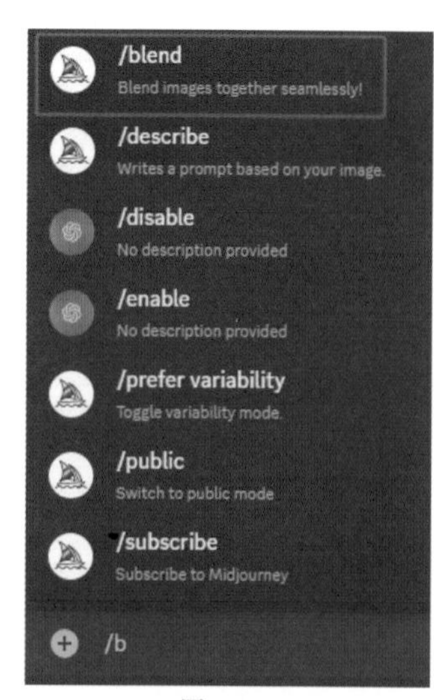

图5.3-1

步骤② 如图 5.3-2 和图 5.3-3 所示，在弹出的对话框中，在 image1、image2 方框中依次上传自己需要混合的图像。

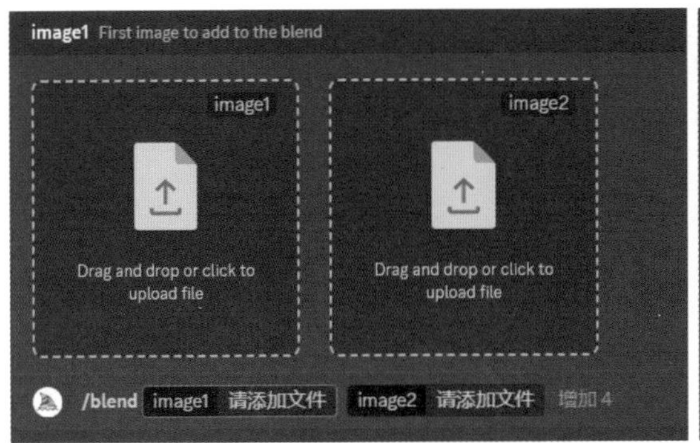

图5.3-2

图5.3-3

步骤③ 上传完成后，按回车键发送命令。如图 5.3-4 所示，即可看到 2 张图像经混合后生成的新图像。

图5.3-4

如图5.3-5所示，如果想要混合2张以上的图像，可以点击image2方框后的“增加”按钮，根据自己的需求在上方的菜单栏中选择 image3、image4、image5。

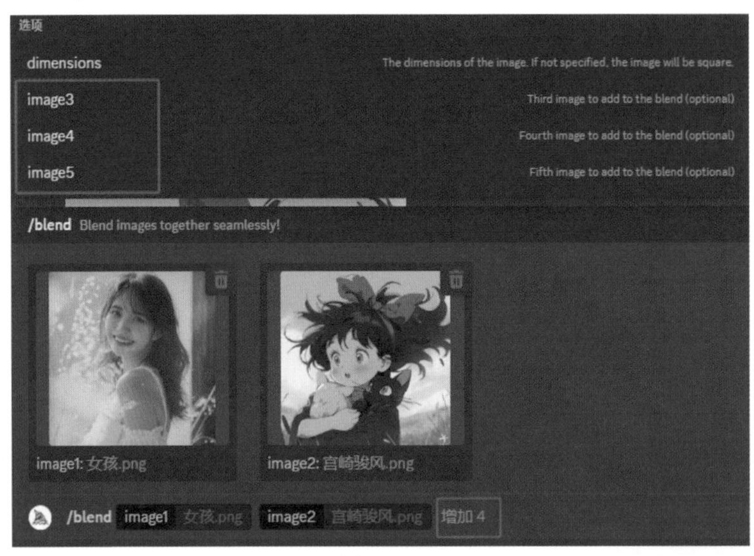

图5.3-5

dimensions 命令用于调整混合后的新图像的尺寸，如图5.3-6所示，可以选择Portrait（竖图）、Square（方形图）、Landscape（横图）3种尺寸。没有特殊选择时则默认为1:1方形图。

图5.3-6

5.4 如何彻底删除图像

Midjourney 遵循开放性的原则，除非订阅了私密模式，否则创建的每一张图像在社区内都是公开可见的。但如果遇到某些特殊情况或出于隐私和安全方面的考虑，想要删除部分图像，也可以通过几个简单的步骤解决。

如图5.4-1所示，常见的错误操作是：右击生成的图像，选择菜单栏中的“删除信息”。这样做只是在操作界面内删除了此条消息，但在公共社区的展示平台内，这幅图像依然存在。

图5.4-1

彻底删除图像的正确方法如下：

步骤① 如图5.4-2所示，右击生成的图像，选择菜单栏中“添加反应”内的“显示更多”。

图5.4-2

步骤② 如图5.4-3所示，在搜索栏中输入X，点击下方的❎按钮。添加反应后，就可以在官网和公共区域内彻底删除这张图像了。

图5.4-3

第 6 章 Midjourney 常用参数介绍

在用 Midjourney 生成图像时，除了输入画面需要的提示词外，还需要对相关的参数进行设置，这样才能提高图像的质量和效率。

6.1 模型参数的使用

如图 6.1-1 所示，在界面下方的文本框内输入英文符号 /，选择 /settings 命令，按回车键发送后即可打开参数设置面板。

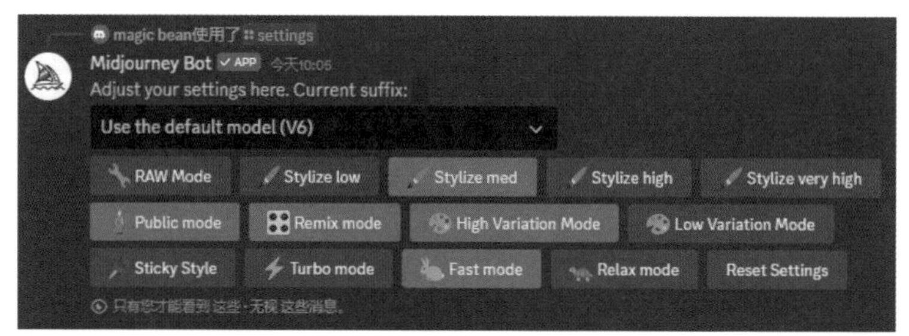

图6.1-1

如图 6.1-2 所示，最上面一排是 Midjourney 的模型选项。Midjourney 会定期发布新的模型版本，通常最上面的默认选项就是已发布的最新版本。目前的最新版本为 V6 模型。单击 Use the default model (V6) 后，在下拉列表中可以自行选择不同版本的模型。

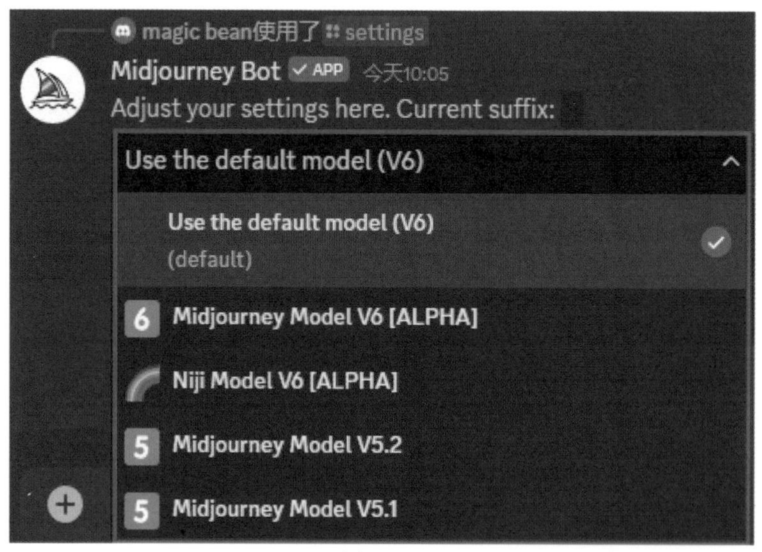

图6.1-2

Midjourney 的模型主要分为 Version 和 niji 两大类。Version 模型的出图效果偏写实风，强调光线层次和光影效果，通常用于三维或真人相关画面的制作。版本越高，细节效果的呈现就越好。用 V1~V6 版本生成的小鹿依次如图 6.1-3~ 图 6.1-10 所示。

图6.1-3　图6.1-4

图6.1-5　图6.1-6

图6.1-7　图6.1-8

图6.1-9　　图6.1-10

niji模型也称二次元模型，出图效果偏动漫卡通风，通常用于插图和动画相关画面的制作。版本越高，细节效果的呈现就越好。用 niji 4~niji 6 版本生成的小鹿依次如图 6.1-11~图 6.1-13 所示。

图6.1-11

图6.1-12

图6.1-13

除了在设置面板内选择模型版本外，还可以在提示词后直接添加模型参数。如图 6.1-14 所示，比如用 V6 版本生成图像，则可以在提示词后输入：空格＋ --v ＋空格＋ 6。

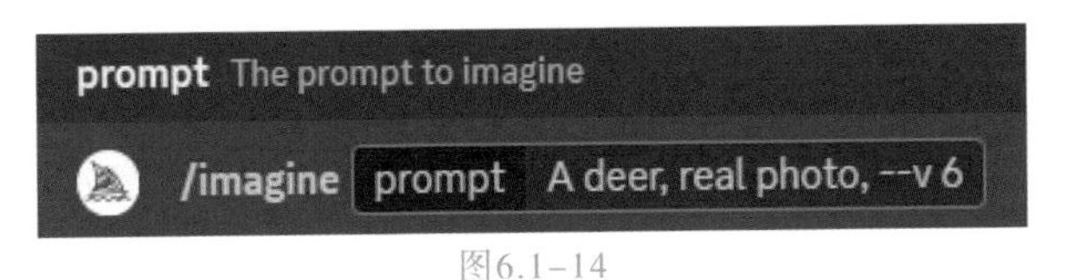

图6.1-14

6.2 s风格化参数的使用

s 参数的全称为 Stylize 风格化参数，可以影响画面的艺术性和风格化程度。风格化数值范围在 0~1000 的区间内，不特意设置时系统默认为 100。

s 值越低，图像风格化的程度越低，Midjourney 介入并发挥的空间越少，生成的图像越贴近于提示词；s 值越高，图像风格化的程度越高，Midjourney 介入并发挥的程度越高，生成的图像在提示词的基础上更具有艺术性和创新感。

比如想要画一个坐在树下的女孩的画像，在保证提示词一致、仅改变 s 值大小的情况下，生成的图像依次如图 6.2-1~ 图 6.2-4 所示。

当 s 值为 50 时，图像贴近于提示词，风格化程度较低。随着数值的增长，画面就越具有艺术性。

图6.2-1

图6.2-2

图6.2-3

图6.2-4

6.3 q质量参数的使用

q 参数的全称为 Quality 质量参数，可以影响画面的细节和质量。质量参数数值范围在 0.25~2 的区间内，不特意设置时系统默认为 1。

q 值越低，图像的细节越少、质量越低；q 值越高，图像的细节越多，质量更好。但同样地，高数值会消耗更多的 GPU 分钟数，导致出图速度变慢。q 参数的参考数值如表 6.3-1 所示。

q 参数的参考数值		
q 参数	速度	质量
--q.25	速度最快，提高 4 倍	细节最少
--q.5 （Half quality）（半质量）	速度适中，提高 2 倍	细节一般
--q1 （Base quality）（基本质量）	默认设置，细节和速度之间较平衡	
--q2 （High quality）（高质量）	速度最慢	细节最多，完成度较高

表6.3-1

比如想要画一只趴在草坪上的小狗的画像，在保证提示词一致、仅改变 q 值大小的情况下，生成的图像依次如图 6.3-1~ 图 6.3-4 所示。

当 q 值为 0.25 时，图像的细节最少、精细度最低。随着数值的增长，画面的细节就越完善、质量越高。

图6.3-1　图6.3-2

图6.3-3　图6.3-4

6.4 ar尺寸参数

Midjourney 默认的图像尺寸为 1:1，如果想要改变图像的尺寸大小，可以通过 ar 尺寸参数（又名 aspect 参数）进行调整。

如图 6.4-1 和图 6.4-2 所示，比如想要生成一张比例为 2:3 的图像，就可以在提示词的最后输入：空格 + --ar + 空格 + 2:3。按回车键发送命令后，即可得到对应尺寸的图像。

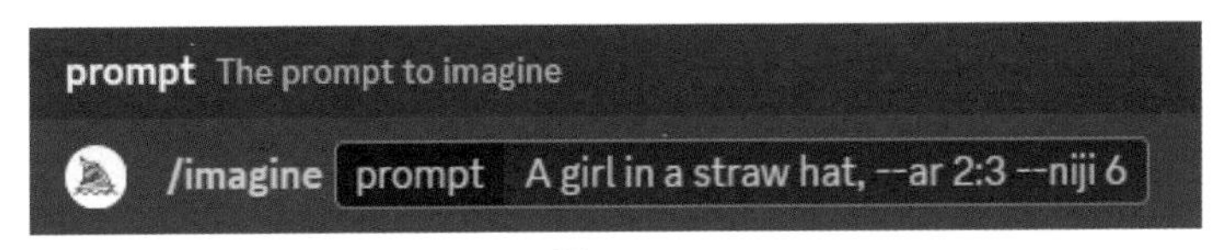

图6.4-1

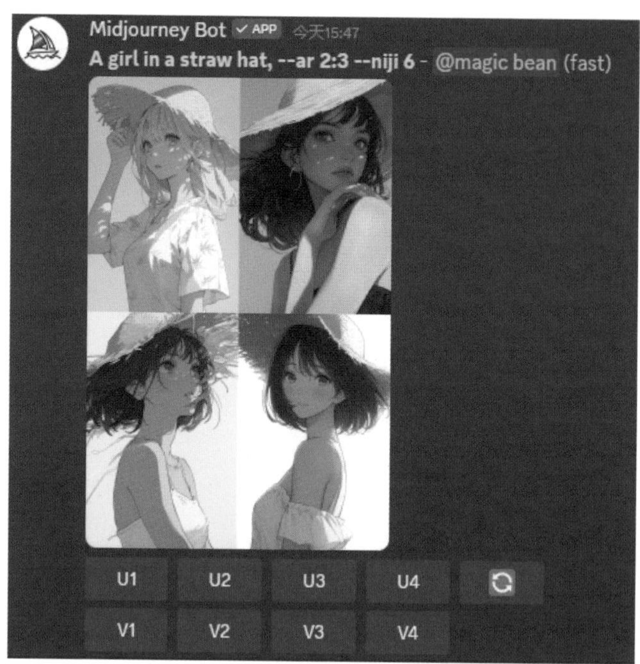

图6.4-2

在 V5 及以上版本中，尺寸设置可以使用任意正数比例。但其他版本中的数值设置有一定的限制，比如 V4 版本仅支持 5:4、7:4、3:2、16:9 等。

6.5 其他特殊命令的使用

除了以上常见的几种参数和命令外，还有其他的一些特殊命令，同样能辅助图像生成。

6.5.1 Zoom Out 按钮的使用

如图 6.5-1 所示，在生成图像的下方可以看到 3 个名为“Zoom Out”的按钮，分别代表扩图 2 倍、扩图 1.5 倍、自定义扩图倍数和尺寸大小。

可以利用 Zoom out 功能重新构建图像，在调整画面构图的同时保持图像的主体内容不变。

图6.5-1

比如想要用 Zoom Out 功能对一张女孩读书的画像进行扩图，不同的缩小倍数生成的图像效果依次如图 6.5-2~ 图 6.5-5 所示。

图6.5-2　　图6.5-3　　图6.5-4

图6.5-5

6.5.2 Upscale 按钮的使用

如图 6.5-6 所示，在生成图像的下方可以看到 2 个名为 Upscale 的按钮，可以将图像的尺寸和分辨率放大 2 倍。

在最新推出的 V6 版本中，Upscale 功能分为 Upscale(Subtle) 和 Upscale(Creative)，二者都可以将图像的分辨率放大 2 倍，但 Subtle 选项是在原图的

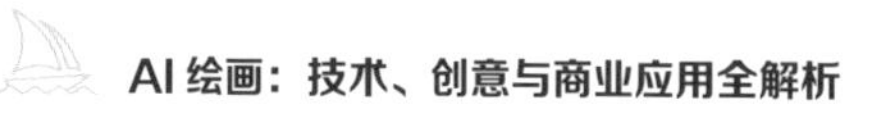

基础上，在放大的过程中进行少量细节上的轻微调整；用 Creative 选项放大后的图像则会与原图有明显不同。可以按照自己的实际需求进行选择。

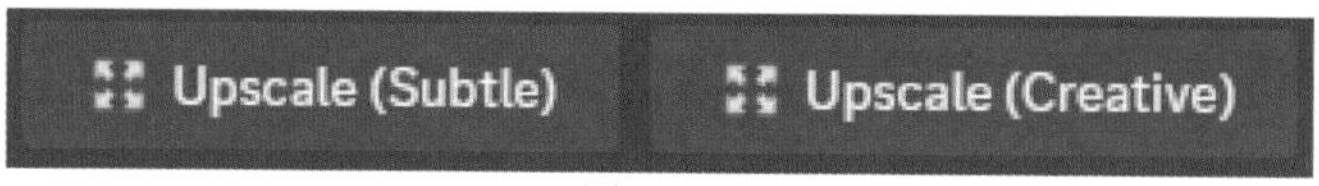

Upscale (Subtle)　Upscale (Creative)

图6.5-6

比如想要用 Upscale 功能对一张女孩抱猫的画像进行放大处理，不同选项生成的图像效果放大局部后依次如图 6.5-7~ 图 6.5-10 所示。

图6.5-7

图6.5-8

图6.5-9

图6.5-10

6.5.3 /describe 命令的使用

/describe 命令用于图像的描述，在用户上传图像后，Midjourney 可以自动进行分析，从而提供 4 段描述该图像的文本提示词。之后可以辅助生成与原图类似的图像。

图6.5-11

比如想要生成一张和图 6.5-11 风格相似的图像，又不知道如何描述时，就可以参考用 /describe 命令反推出的提示词。

步骤① 如图 6.5-12 所示，在界面下方的文本框内输入英文符号 /，并选择 /describe 命令。

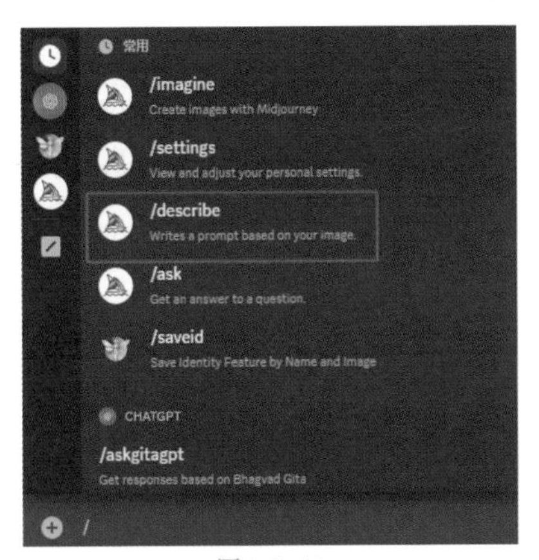

图6.5-12

步骤② 如图 6.5-13 和图 6.5-14 所示，单击 image1 方框，上传图像，按回车键发送命令。

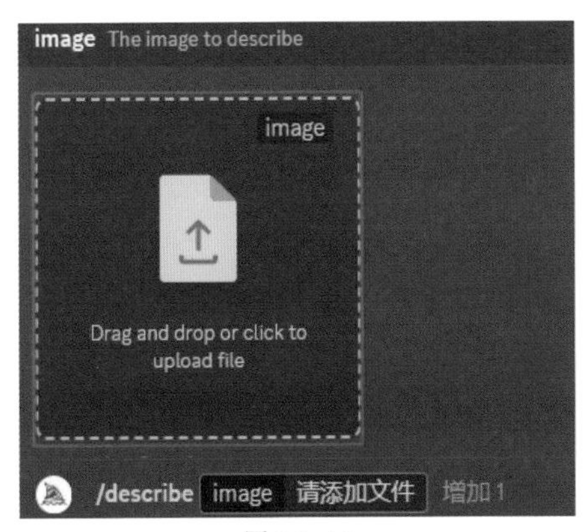

图6.5-13

图6.5-14

步骤③ 如图 6.5-15 所示，即可看到 Midjourney 根据图像生成的 4 段提示词。下方蓝底的数字方框依次对应了 4 段提示词内容，每段提示词都能重新生成 4 张新图像。

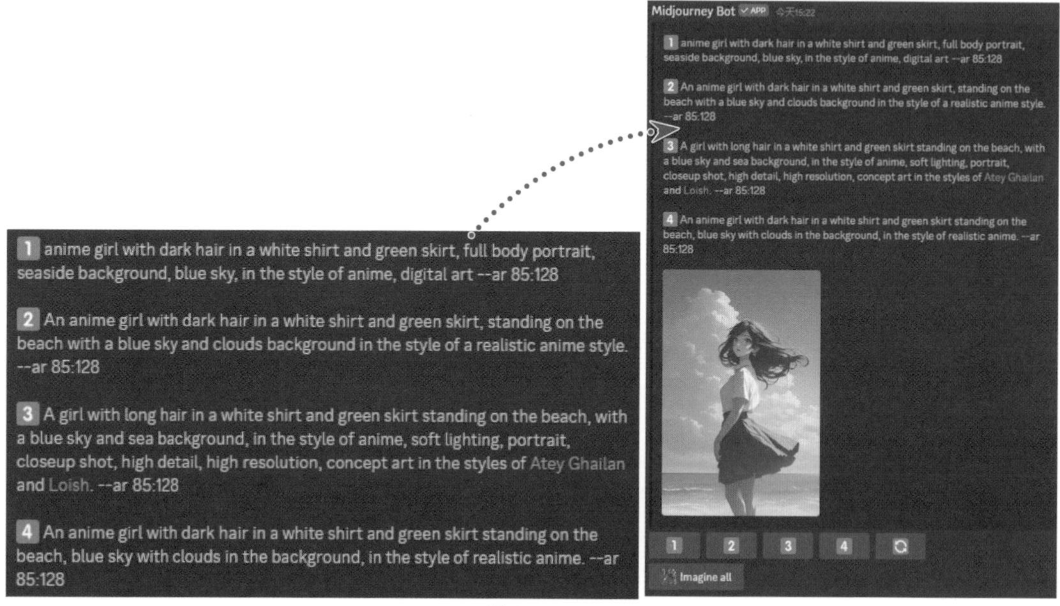

图6.5-15

步骤④ 比如我们比较认可第 1 段提示词的描述，即可单击1方框。如图 6.5-16 所示，在弹出的提示词窗口中，可以再根据需求进行添加或修改，完成后单击“提交”按钮。

图6.5-16

步骤⑤ 如图 6.5-17 所示，即可看到根据第 1 段提示词生成的 4 张新图像。

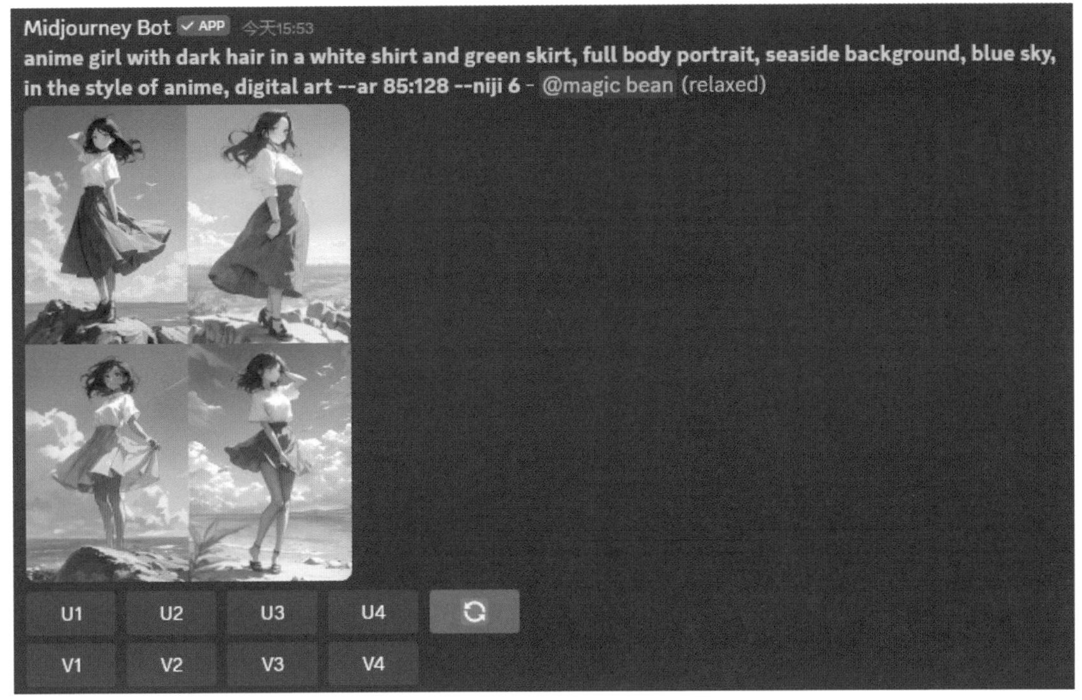

图6.5-17

第 7 章 如何提高图像的质量

Midjourney 的操作难度较低、出图速度快，但在生成图像时随机性很高，不能稳定地呈现出想要的画面。这时，可以通过一些方法把控画面的精准度、提高图像的质量。

7.1 绘画公式的使用

在使用 Midjourney 的文生图功能时，除了使用 AI 工具辅助书写提示词外，如果想要自己描述画面，就可以考虑使用绘画公式：画面主体 + 背景 + 风格 + 画质 + 基础参数。

7.1.1 如何使用绘画公式写提示词

比如想要画一只树林前的小狗，如图 7.1-1 所示，就可以按照绘画公式依次填写，从而得到完整的提示词。

绘画主体：A white Samoyed with a smiling expression（一只带着微笑的白色萨摩耶犬）。

场　景：In the background of yellow ginkgo trees, under natural light, warm colors, yellow leaves are falling on the ground in the natural environment（背景是黄色银杏树，在自然光的照射下，暖色调，黄色的树叶在自然环境中飘落在地上）。

风　格：In the style of real photography（真实摄影风格）。

画　质：High definition image quality（高清图像）。

基础参数：--ar 2:3 --v 6.0（出图比例 2:3，版本 v 6.0）。

图7.1-1

将每段单独的提示词组合在一起，输入进 /imagine 命令后的 prompt 栏中，可得到如图 7.1-1 所示的效果。

7.1.2 如何调整绘画公式中的要素

如果想在得到的图像的基础上做局部调整，比如改变绘画的主体或画面风格，就可以自行调整公式中的部分提示词，进行随机搭配。

图7.1-2

比如想保留 7.1 节生成的图像的主体和场景，想要生成一张风格不同的新图像，这时就可以在绘画公式中进行细微的调整。将 In the style of real photography（真实摄影风格）替换为想要的风格，比如 Anime style（动漫风格）。但需要注意，为了配合图像的新风格，还需将参数从 v 6.0 改为 niji 6。

将更改后的提示词组合在一起，输入进 /imagine 命令后的 prompt 栏中，得到的图像效果如图 7.1-2 所示。

7.2 如何精准把握提示词

在学会编写提示词后，还要学会精准把控提示词，这样才能让 Midjourney 随机生成的画面更大程度地贴合需求。

7.2.1 提示词的准确性

比如想要画一幅法国著名建筑师亚历山大 · 居斯塔夫 · 埃菲尔的画像，在 Midjourney 下方的文本框里输入提示词：Eiffel（埃菲尔）后，生成的图像如图 7.2-1 所示。

图7.2-1

尽管输入的 Eiffel 是人名，但 Midjourney 机器人将提示词自动理解成了埃菲尔铁塔，这就是输入的提示词不够精准所导致的后果。将提示词替换为 Portraits of Alexandre Gustave Eiffel（亚历山大·居斯塔夫·埃菲尔的肖像画），生成的图像如图 7.2-2 所示。在将提示词精准化后，Midjourney 生成的图像就能符合需求。

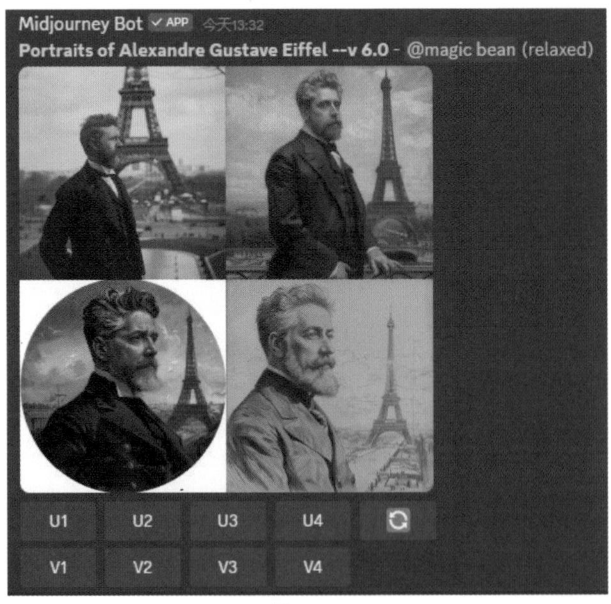

图7.2-2

7.2.2 提示词的矛盾检查

比如需要一个有浅色头发的女孩的图像，在 Midjourney 下方的文本框里输入提示词：Chinese girl, light hair, Anime style（中国女孩，浅色头发，动漫风）后，生成的图像如图 7.2-3 所示。

图7.2-3

尽管输入的提示词中明确提到了 light hair（浅色头发），但生成的仍然是保留黑色头发的女孩的图像。这是因为提示词相互矛盾的原因，Midjourney 机器人认为另一个提示词 Chinese girl（中国女孩）中包含了 black hair（黑色头发）的意思，而这与要求的 light hair（浅色头发）矛盾。这时，可以将提示词替换为 A girl, light hair, Anime style（一个女孩，浅色头发，动漫风），生成的图像如图 7.2-4 所示。在将提示词去矛盾化后，Midjourney 生成的图像就能符合需求。

图7.2-4

7.3 特殊参数的使用

除了调整提示词外，还可以通过设置一些特殊的参数来控制画面的精准度。

7.3.1 :: 权重符号的使用

在 Midjourney 中输入两个半角冒号 ::，可以控制这个提示词在画面中的占比权重。输入两个或多个权重符号时，可以用作分隔符，分别为各个部分的提示词分配权重比。

比如输入提示词：pineapple（菠萝），生成的图像如图 7.3-1 所示。

图7.3-1

当在提示词中加上分割符号，将其拆分为：pine :: apple（松木和苹果），生成的图像如图 7.3-2 所示。

图7.3-2

在 :: 权重符号后加上一个数值，可以让符号前的提示词权重增大到相应的比例。未设置的话默认 1:1，比如这里的 pine :: apple，实际是指 pine :: 1 apple :: 1。这时可以看到松木和苹果在画面中的占幅比例是大致相同的。

如果将松木和苹果的比例调整至 2:1，输入提示词：pine::2 apple，生成的图像如图 7.3-3 所示。这时可以看到苹果的画幅占比变小了，松木占了图像中较大的画面。

图7.3-3

7.3.2 排除参数的使用

如果无法通过调整提示词的方式规避画面中自动生成的某些不想要的元素，就可以用到 Midjourney 的 no 排除参数。no 排除参数可以避免生成的图像中出现不想要的元素。比如想要 Midjourney 生成一张海边的女孩的图像。

步骤① 如图 7.3-4 所示，在界面下方的文本框内输入英文符号 /，并选择 /imagine 命令。在 /imagine 命令后的 prompt 栏中输入提示词：A girl standing by the sea（一个站在海边的女孩），完成后按回车键发送命令。

图7.3-4

步骤② 生成的 4 张图像如图 7.3-5 所示，我们发现 Midjourney 机器人会默认这个场景下的女孩穿着裙子。

图7.3-5

但如果想要的是一个站在海边、穿着裤子的女孩，这时，就可以使用 no 排除参数调整提示词。

步骤③ 如图 7.3-6 所示，点击图像右下方的按钮，在弹出的提示框中，添加提示词：no skirt, wearing jeans（不要裙子，穿牛仔裤）。完成后点击提交按钮。

图7.3-6

步骤④ 如图 7.3-7 所示，即可生成对应的图像。在用 no 排除参数后，生成的图像中就不会再出现穿着裙子的女孩了。

图7.3-7

7.4 如何使用 Vary 功能

在用 Midjourney 生成单独的图像后，图像下方有一些功能按钮，如图 7.4-1 所示。名为 Vary 的按钮，主要用于对图像的重绘。

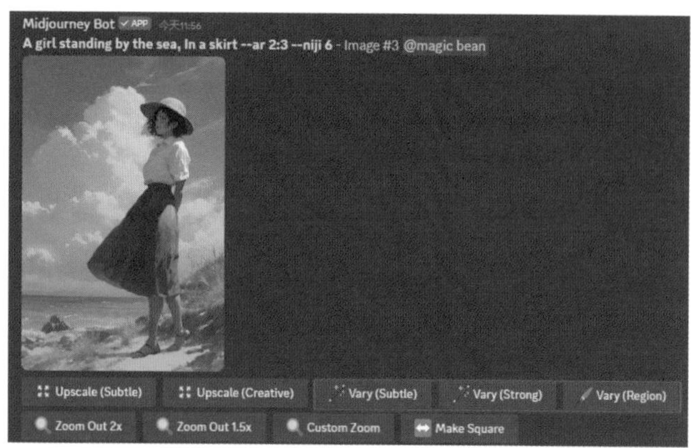

图7.4-1

Vary (Subtle): 变化（微弱）。如图 7.4-2 所示，该功能会在原图基础上，重新生成 4 张在细节处有略微不同的新图像。

图7.4-2

Vary (Strong)：变化（强）。如图 7.4-3 所示，该功能会在原图基础上，重新生成 4 张风格相同但细节明显不同的新图像。

图7.4-3

Vary (Region)：变化（局部），可以自行选择并重新生成图像的被选取的区域。

如果想要将图像中的裙子颜色更换为蓝色。

步骤① 如图 7.4-4 所示，单击图像下方的局部重绘 Vary（Region）按钮。

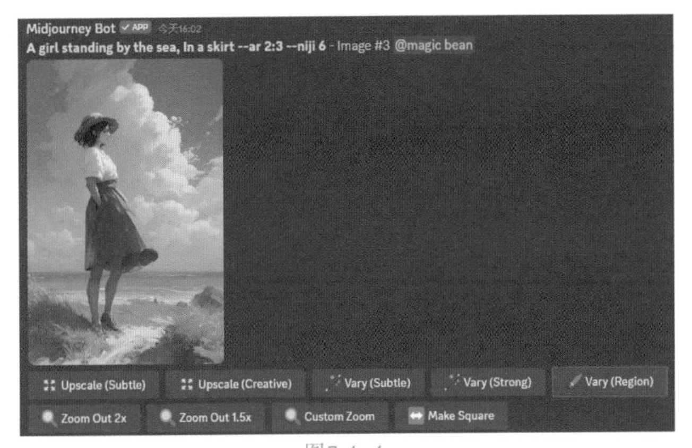

图7.4-4

步骤② 如图 7.4-5 所示，在弹出的窗口中，选择左下角的套索工具，并大致勾出需要修改的区域。

图7.4-5

步骤③ 如图 7.4-6 所示，在窗口下方的文本框内，将提示词修改为：In a blue skirt（穿着蓝色的裙子）。

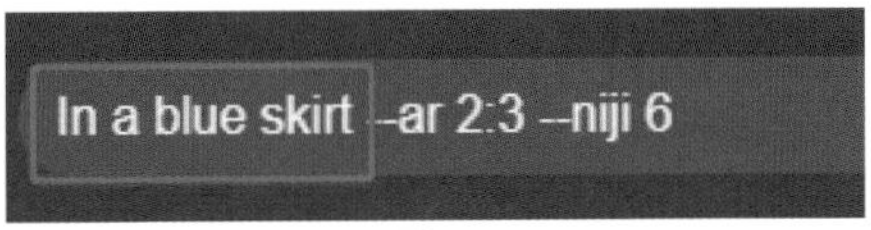

In a blue skirt --ar 2:3 --niji 6

图7.4-6

步骤④ 完成后发送指令，如图 7.4-7 所示，即可生成局部重绘后的图像。

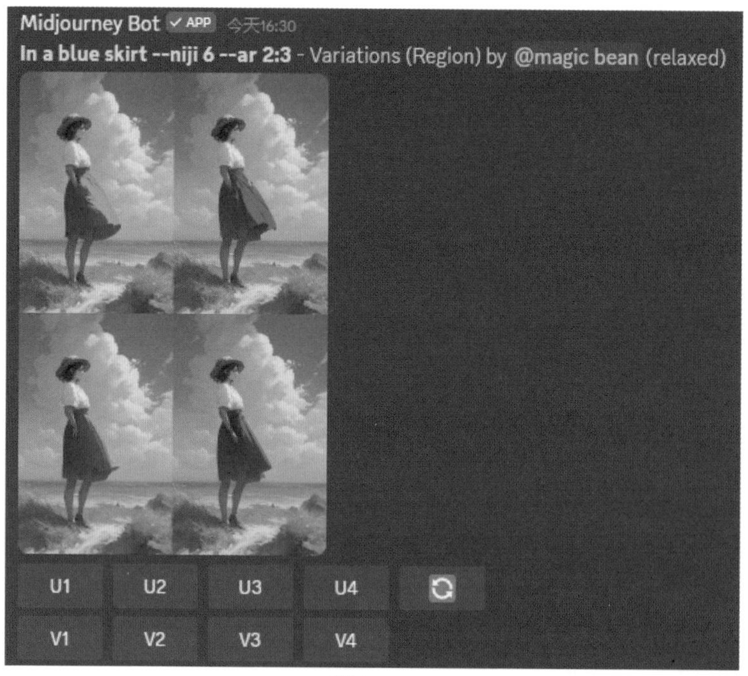

图7.4-7

在勾选类似裙子这样的不规则物体时，通常会使用上述的套索工具。但如果需要局部重绘的部分是规则的区域，就可以使用框选工具，比如不想要图像中出现草帽。

图7.4-8

步骤① 如图 7.4-8 所示，单击图像下方的局部重绘 Vary（Region）按钮。在弹出的窗口中，选择左下角的框选工具，并勾出需要修改的区域。

步骤② 如图 7.4-9 所示，在窗口下方的文本框内，将提示词修改为：no hat（不要帽子）。

图7.4-9

步骤③ 完成后发送指令，如图 7.4-10 所示，即可生成局部重绘后的图像。

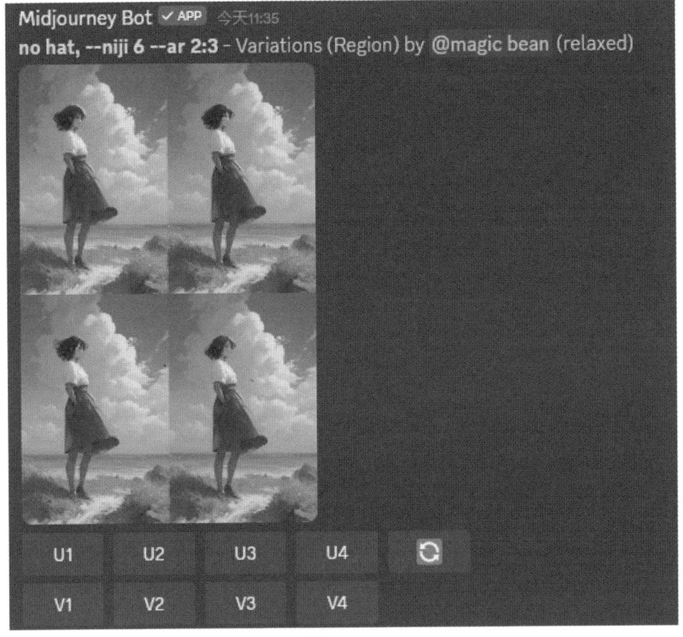

图7.4–10

7.5 如何保持角色的一致性

图7.5–1

用 Midjourney 进行绘图，即使输入相同的提示词，每次也会得到不同的结果。如果想要制作绘本，将生成的图像应用于连续的场景中，就必须要求图中的人物一致，这时可以考虑使用风格参考参数（sref）和角色参考参数（cref）来对图像进行精准控制。

7.5.1 风格参考参数（sref）

风格参考参数（sref）可以辅助生成风格相似的图像，由此控制画风的一致性。目前只支持在 V6 和 niji 6 版本下使用。

以 Midjourney 的 V6 版本为例，比如想要生成一张与图 7.5-1 风格相似的图像。

步骤① 如图 7.5-2 所示，在界面下方的文本框内输入英文符号 /，并选择 /imagine 命令。在 /imagine 命令后的 prompt 栏中输入提示词：Future city, cyberpunk, towering skyscrapers ,neon cold lighting, ultra wide shot, --ar 3:4 --v 6.0（未来城市，赛博朋克，高耸的摩天大楼，霓虹灯冷光，超广角镜头，出图比例 3:4，版本 v 6.0）。

图7.5-2

步骤② 如图 7.5-3 所示，在提示词后添加 sref 参数，并附上风格参考图像的 URL（网址链接），可以添加多个网址。完成后按回车键发送命令。

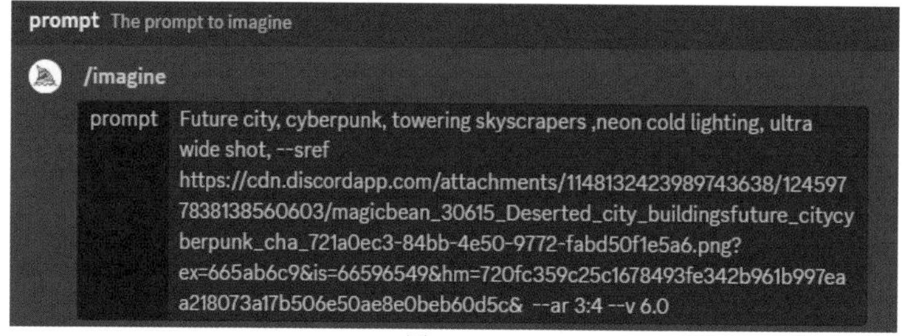

图7.5-3

图7.5-4

步骤③ 完成后最终效果如图 7.5-4 所示。

在用风格参考参数（sref）时，还可以结合 sw（style weight）参数一起使用。sw 参数用于调整参考风格对生成的图像的影响程度，数值范围在 0 ~ 1000。当数值为 0 时，对生成的图像影响最小；当数值为 1000 时，对生成的图像影响最大。

7.5.2 角色参考参数（cref）

图7.5-5

角色参考参数（cref）可以辅助生成角色相似的图片，由此控制图像角色的一致性。目前同样只支持在 V6 和 niji 6 的版本下使用。

以 Midjourney 的 niji 6 版本为例，比如想要生成一张与图 7.5-5 角色相似的图像。

步骤① 如图 7.5-6 所示，在界面下方的文本框内输入英文符号 /，并选择 /imagine 命令。在 /imagine 命令后的 prompt 栏中输入提示词：An anime girl with happy face, cartoon style, --niji 6（一个带着微笑脸庞的动漫女孩，卡通风格，版本 niji 6）。

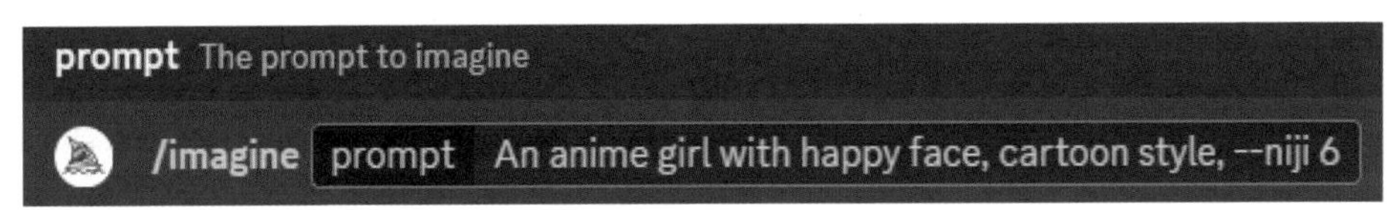

图7.5-6

步骤② 如图 7.5-7 所示，在提示词后添加 cref 参数，并附上角色参考图像的 URL（网址链接），可以添加多个网址。完成后按回车键发送命令。

图7.5-7

步骤③ 完成后最终效果如图 7.5-8 所示。

图7.5-8

在用角色参考参数（cref）时，还可以结合 cw（character weight）参数一起使用。cw 参数用于调整参考图像对生成的图像的影响程度，数值范围在 0 ~ 100。当数值为 0 时，对生成的图像影响最小，仅保留面部特征；当数值为 100 时，对生成的图像影响最大，保留面部、头发和服装等主要特征。

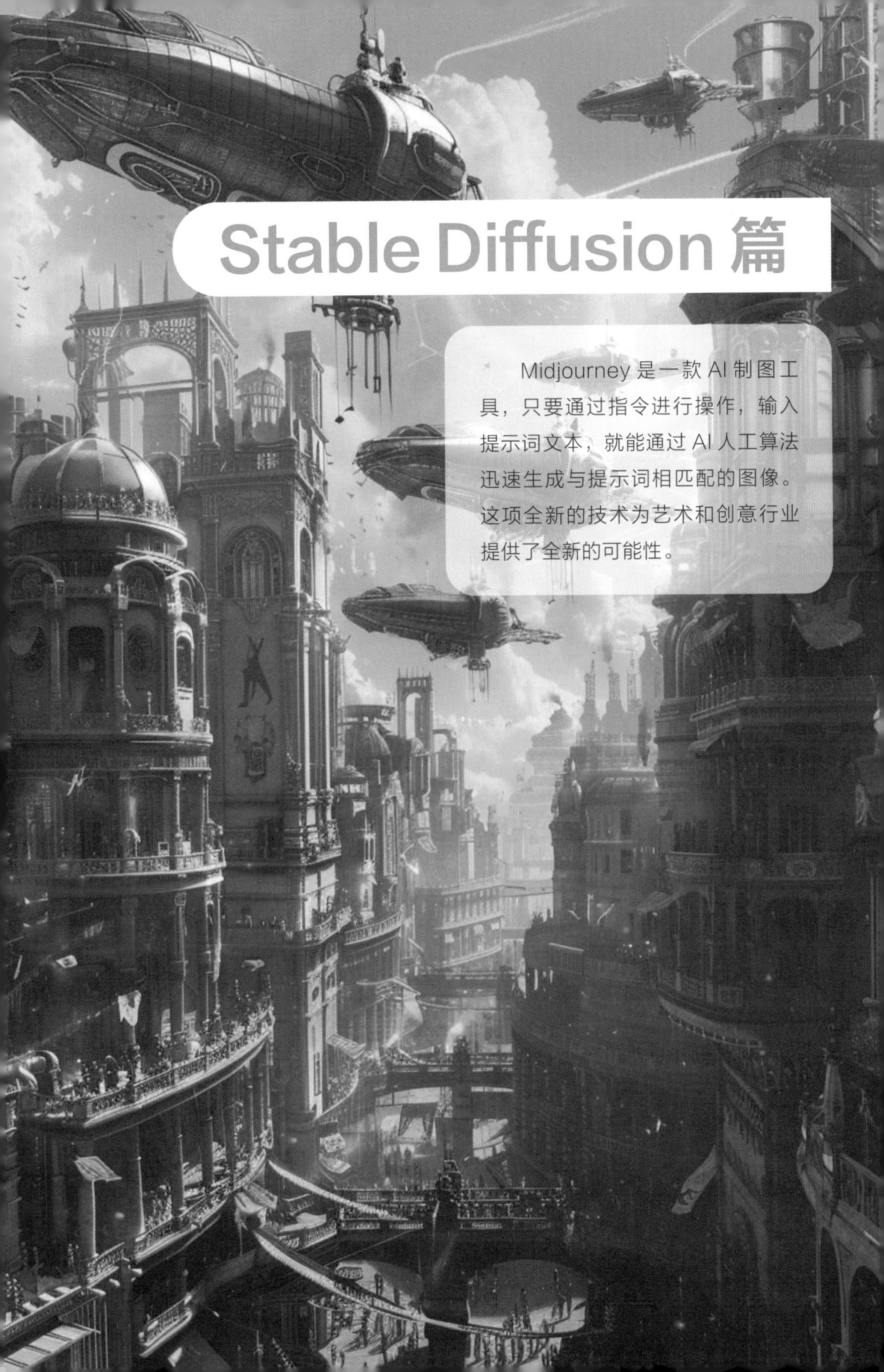

Stable Diffusion 篇

Midjourney 是一款 AI 制图工具，只要通过指令进行操作，输入提示词文本，就能通过 AI 人工算法迅速生成与提示词相匹配的图像。这项全新的技术为艺术和创意行业提供了全新的可能性。

第 8 章 Stable Diffusion 的软件准备

Stable Diffusion 是一款人工智能绘画工具，相比起其他的 AI 绘画软件，Stable Diffusion 具有更高的稳定性，可以在输入的提示词文本上迅速生成需要的图像。除此之外，Stable Diffusion 还具有开源优势，模型可以随时公开并共享给全世界的使用者。

8.1 Stable Diffusion 的安装

运行 Stable Diffusion 需要消耗一定的配置资源，对系统、显卡、硬件的要求都比较高。如果想要使用 Stable Diffusion，首先需要检查电脑配置。

● 操作系统：Windows 系统和 Mac 系统都支持安装，但因为 Mac 系统能兼容的插件数量较少且画面由 CPU 渲染，功能性和速率都不及 Windows 系统。

推荐使用 Win10 以上的系统、Linux 系统和 MacOS（仅限 Apple Silicon，因为 Intel 版本无法调用 AMD Radeon 显卡）。

● CPU：没有硬性要求。

● 内存：因为要容纳较多的模型文件，建议至少有 8GB 的内存，最好有 16GB 或以上。

● 显卡：Stable Diffusion 出图需要使用 CUDA 加速，所以推荐使用英伟达 NVIDIA 独立显卡（N 卡）。最低 10 系起步，最好使用 40 系列。显存至少 4GB，最好 8GB 以上。

AMD 显卡虽然可以使用，但速度会明显慢于 N 卡。

● 硬盘：20~100GB 的空余硬盘空间。

8.1.1 Stable Diffusion 整合包的安装

Stable Diffusion 是开源且免费的软件，可以按照官方教程自行安装，但这种本地部署的方式需要具备一定的计算机理论知识，并不适用于大多数用户。这时，可以采用安装整合包的形式简化流程，Stable Diffusion 中包含了软件、配置、基本模型和插件等，安装后可以一键实现本地部署。

不同版本的整合包可能存在部分差异，比如界面中按钮的名称和布局等，但就功能而言不会有太大的区别。接下来以秋葉的整合包为例。

步骤① 下载并解压 Stable Diffusion 的整合包后，打开文件夹，找到名为“A 启动器”的图标，双击点开，如图 8.1-1 所示。

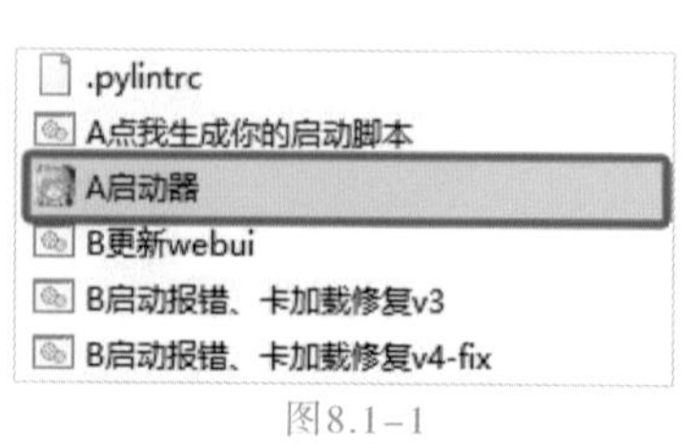

图 8.1-1

步骤② 在打开绘世启动器程序界面中，单击右下角的“一键启动”按钮，如图 8.1-2 所示。

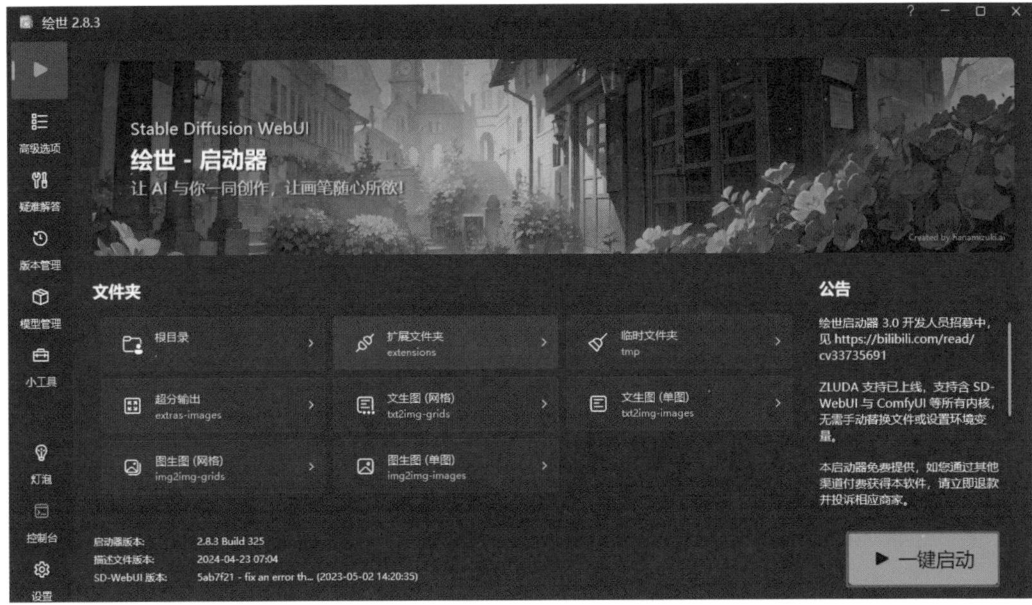

图8.1-2（由秋葉aaaki制作）

如图 8.1-3 所示，软件将自动配置计算机环境，并弹出控制台的窗口。点击右上角的“一键启动”按钮，即可开始运行。

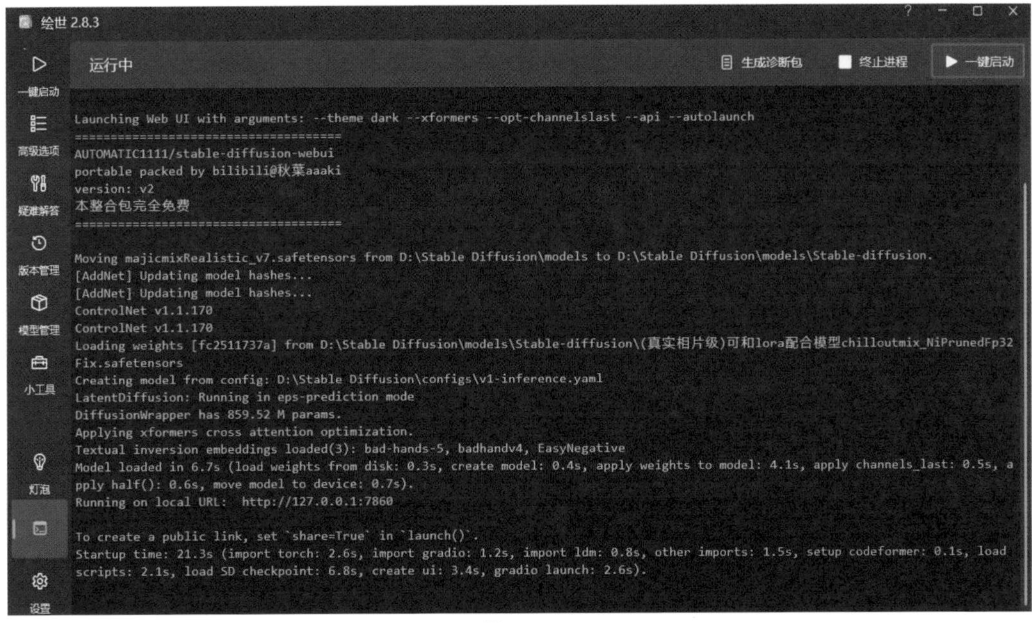

图8.1-3

在用 Stable Diffusion 生图的期间，控制台界面内会呈现相关的信息，在操作过程中遇到任何问题都可以在这里查看。

8.1.2 模型的安装

我们可以将模型理解成一个储存了各类图像信息的超级大脑，可以辅助 AI 在提示词的基础上，迅速从程序文件库中提取并重组相关图像的信息，从而输出最后的图像。

使用 Stable Diffusion 时，常用的模型下载网站有 Civitai 网站和 Hugging Face 网站。可以在这两家网站上根据自身要求下载并安装相应的模型，从而辅助绘画的进行。

如图 8.1-4 所示，Civitai 网站也称 C 站，是一个在线的模型平台。用户可以在这里浏览并下载需要的模型。除了公共模型外，该网站还支持用户上传并分享个人训练后的模型，进行交流和学习。

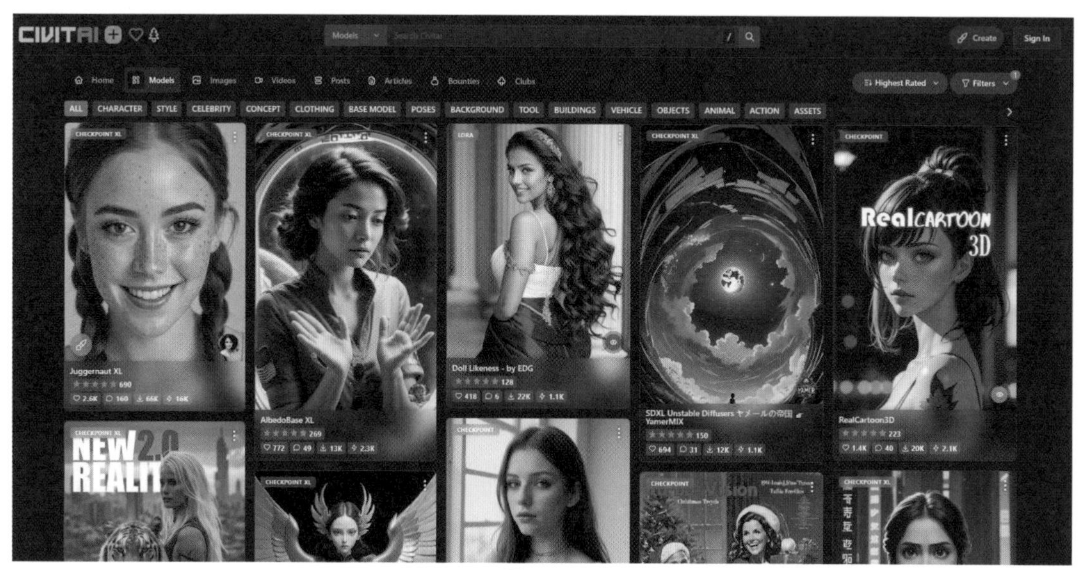

图8.1-4

如图 8.1-5 所示，Hugging Face 同样是一个开源模型社区，用户可以在里面查找并安装需要的模型。相比 Civitai 网站而言，Hugging Face 对模型的审核会更严格一些。

Hugging Face 是个综合性网站，可以提供模型的下载。下载模型时，点击菜单栏中的 Models，进入后再点击左上角的 Text-to-Image，就可以找到 Stable Diffusion 用的模型了。

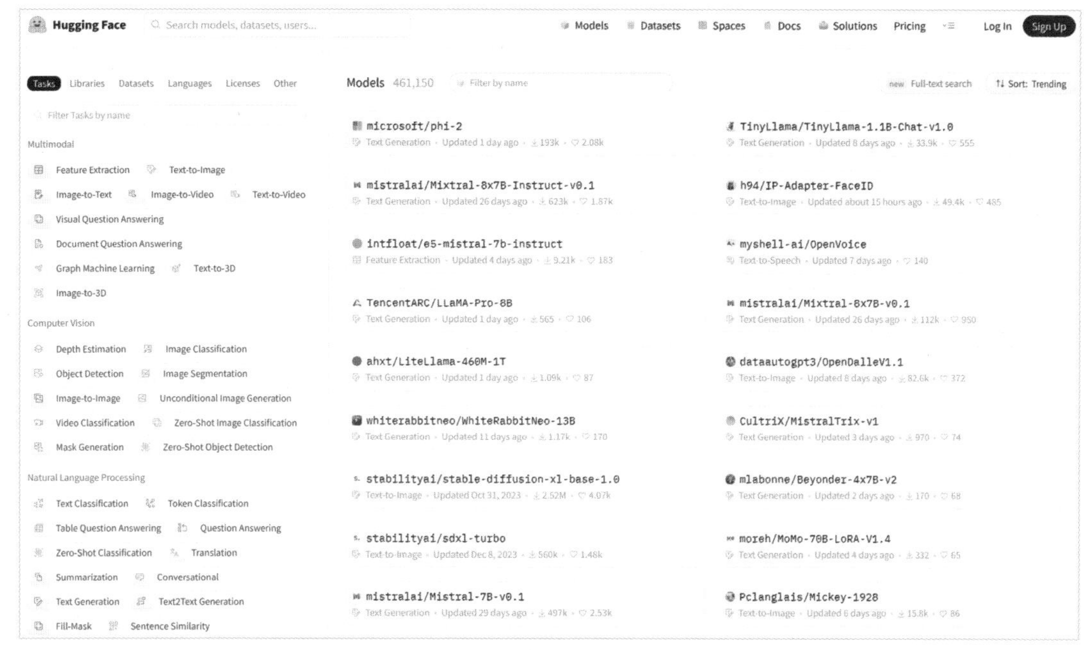

图8.1-5

比如想安装 Civitai 网站中的 Anything 模型，那么应该如何下载并导入模型呢？

步骤① 如图 8.1-6 所示，进入 Civitai 网站，在搜索栏中输入模型的名称。

图8.1-6

步骤② 如图 8.1-7 所示，进入 Anything 模型界面，点击页面右侧的 Download 按钮进行下载。

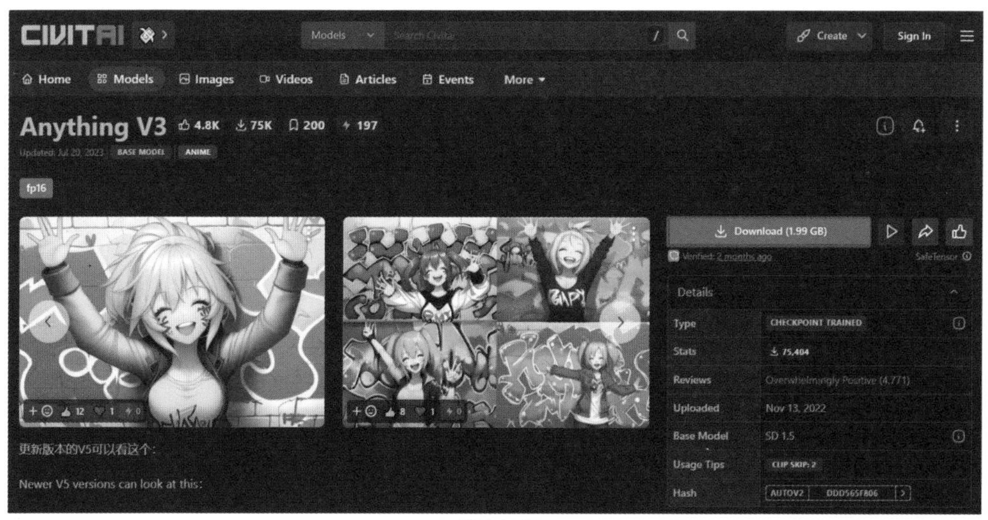

图8.1-7

步骤③ 如图 8.1-8 所示，下载完成后，点击网页中的“打开文件”，将模型进行存放。

图8.1-8

不同模型的存放路径不同，具体可见 8.4 节。我们下载的 Anything 模型属于 Checkpoint 大模型，大模型的存放路径：\Stable diffusion\models\Stable-diffusion，如图 8.1-9 和图 8.1-10 所示。

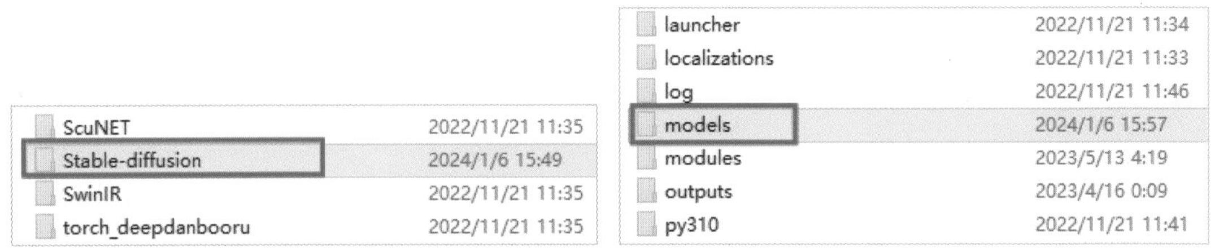

图8.1-9　　图8.1-10

步骤④ 存放完模型后，如图 8.1-11 所示，刷新 Stable Diffusion 界面中的模型菜单栏，在下拉列表中切换至下载的新模型，即可开始使用。

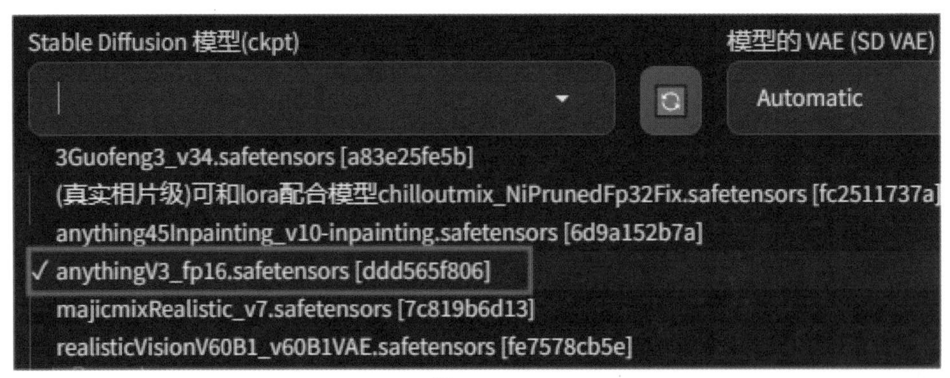

图8.1-11

8.2 Stable Diffusion 的界面简介

如图 8.2-1 所示，可以将 Stable Diffusion 的主界面简单分为 4 个区域：菜单栏、提示词输入区、参数设置区和图像生成区。

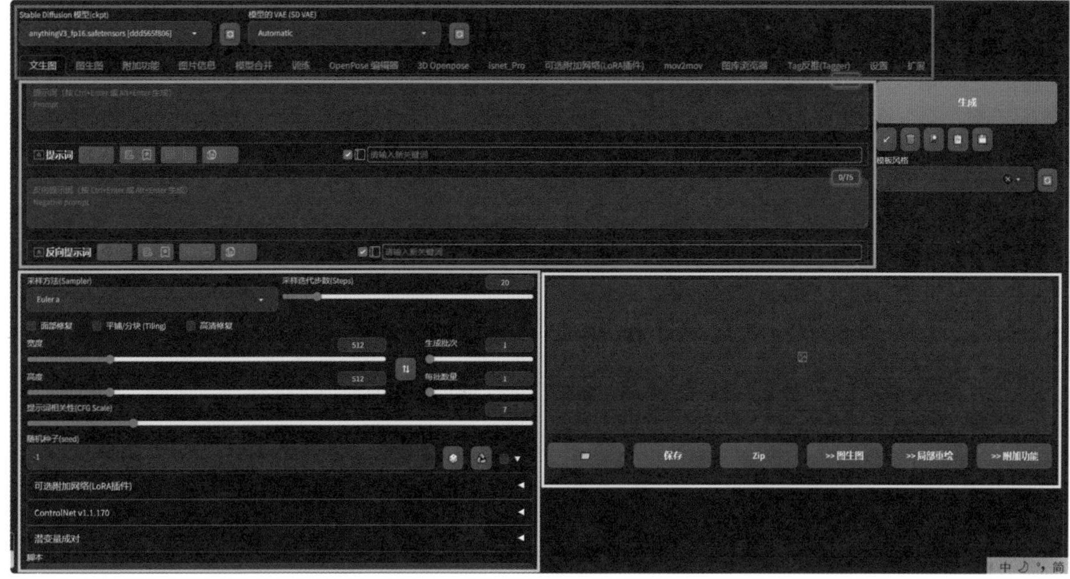

图8.2-1

8.2.1 菜单栏界面

如图 8.2-2 所示，可以在菜单栏界面选择模型和想用的功能。

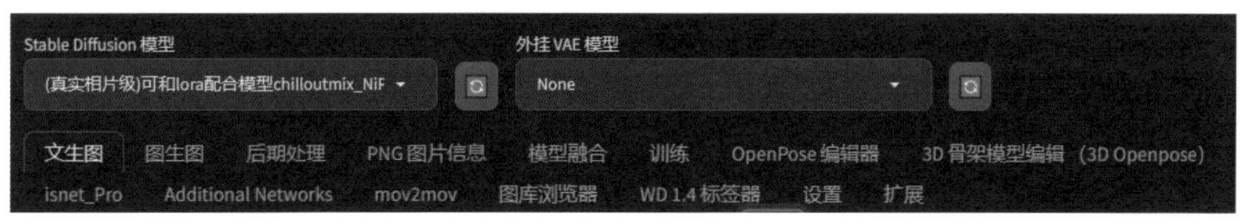

图8.2-2

● Stable Diffusion 模型：用于大模型的切换。大模型也称基础模型、底模型，是指在训练大量图像后的成熟的绘画模型。在将下载的模型存放进对应的文件夹后，点击右方的蓝底刷新按钮，即可出现在下拉列表中。可以自行选择想用的模型，完成模型的切换。

● 外挂 VAE 模型：用于给图像添加滤镜并进行微调。全称 Variational autoenconder，中文名为“变分自编码器”。不同的 VAE 模型可以对图像的色调产生不同的影响。如果不需要滤镜，就可以选择 None 选项。VAE 模型给图像造成的影响如图 8.2-3 和图 8.2-4 所示。

图8.2-3

图8.2-4

下方的功能选项卡中，不同标签下的选项代表了不同的功能。

●文生图：可以根据输入的文本提示词生成图像（具体操作详见 9.1 节）。

●图生图：可以根据输入的图像生成新图像（具体操作详见 9.2 节）。

●附加功能：进行图像的后期处理，主要用于放大图像的清晰度。

●图片信息：可以显示图像的提示词和模型等基本信息。

●模型合并：可以按不同的比例将多个模型合并成新模型。

●训练：可以进行特定风格的模型训练。

● OpenPose 编辑器：可以画出指定的人物姿势。

● 3D OpenPose：是一个用于估计姿态的工具，可以在 3D 环境下模拟不同姿势的人物骨骼位置。

● isnet_Pro：可以实现视频帧的批量处理。

●可选附加网络（LoRA 插件）：可以添加多个 LoRA 模型，从而生成有混合模型风格的图像。

● mov2mov：是一个动画插件，可以在每一帧生成的对应的图像的基础上，用来替换原视频。

●图库浏览器：可以在这里查看之前生成的所有图像，选择是否添加到收藏夹、再次生成或删除等。

● WD1.4 标签器：可以倒推图像的提示词。

●设置：Stable Diffusion 的各项设置。

●扩展：插件的安装与更新。

8.2.2 提示词输入区

如图 8.2-5 所示，提示词输入区分为正向提示词输入区和反向提示词输入区。

如果想生成一张图像，需要在正向提示词输入区中输入想要在画面中出现的内容，通常包含主体描述、环境背景、画面风格、画质等。同时，还需要在反向提示词输入区中输入不想在画面中出现的内容，比如错乱的手指、低质量画面等。

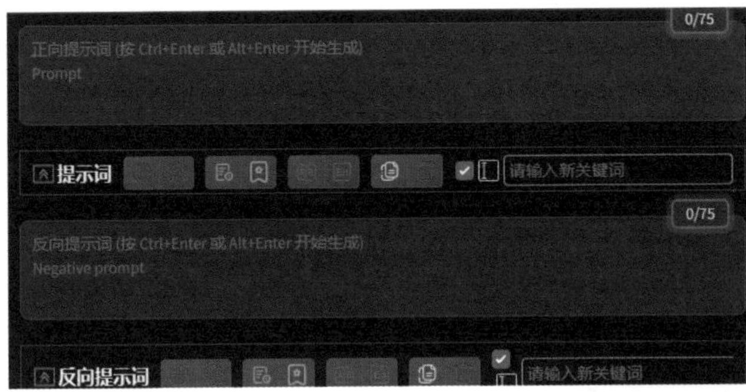

图8.2-5

8.2.3 参数设置区

如图 8.2-6 所示，可以在 Stable Diffusion 的参数设置区调整不同的参数，从而把控最后生成的画面。

● 采样方法：Stable Diffusion 生成图像的过程中，包括用噪声预测器减去图像的噪声的步骤，在经过不断重复的去噪过程后，才能得到一张清晰的图像。这个过程被称为采样，使用到的方法叫作采样方法。

图8.2-6

如图 8.2-7 所示，采样方法有很多种。那么，要如何选择采样方法呢？

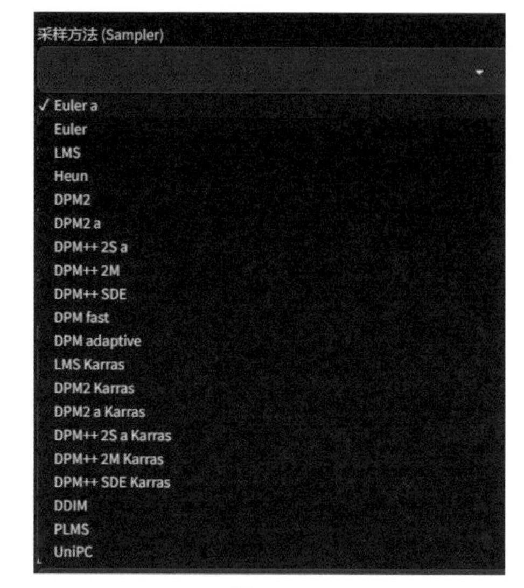

图8.2-7

对质量有要求：如果对生成的图像有细节上的要求，推荐使用 DPM++2M、DPM++2M Karras 系列。

对生成速度有要求：如果需要在较短的时间内快速迭代图像，推荐使用Euler、DDIM、LMS系列。

对风格有要求：如果需要生成的图像呈现特定的风格，比如卡通风推荐使用 DPM++2M Karras、LMS、UniPC 系列；写实风推荐使用 DPM2、DPM++ 系列。

常用的几种采样器生成的画面效果分别如图 8.2-8~ 图 8.2-10 所示。

图8.2-8

图8.2-9

图8.2-10

●迭代步数：指 Stable Diffusion 生成图像时程序的运行时间和计算次数。每增加一步迭代，就会给 AI 提供更多的机会去控制生成图像的精细程度。

越高的迭代步数需要越多的计算时间和对显卡的更高要求，通常来说，迭代步数越高，画面的精细度就越高。但超过一定数值后，对图像的提升效果也非常有限。迭代步数的默认值为 20，常用的参数范围在 20~30 之间。

●面部修复：可以修复生成的人物的面部细节。

●平铺 / 分块（Tiling）：可以对规律性的图像进行拼接和融合，达到类似瓷砖拼接的效果。

●高清修复：可以在原图的基础上增加画面中的细节、放大图像分辨率。

点击“高清修复”后，会弹出如图 8.2-11 所示的选项区。

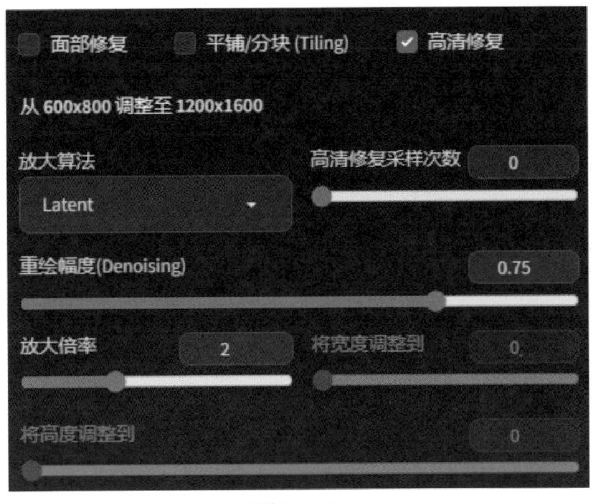

图8.2-11

放大算法：如图 8.2-12 所示，放大算法有很多种。常用的有 ESRGAN 系列，其中 ESRGAN 4x 算法在放大后会对细节进行重绘，R-ESRGAN 4x+ 算法是基于 ESRGAN 4x 模型的优化，多用于照片等写实风格图像，R-ESRGAN 4x+ Anime6B 算法则多用于二次元类的卡通图像。

图8.2-12

高清修复采样次数：即修复图像时的迭代次数，通常默认设置为 0。

重绘幅度：即在放大图像时重新绘制的程度。数值越高，生成的图像和原图像之间的差别就越大。通常设置范围在 0.3 ~ 0.7，数值小于 0.3 时图像差别不明显，超过 0.7 后生成的图像和原图画面出入较大。

放大倍率：通常设置为 2 倍。

将宽度 / 高度调整到：可以重新设置生成的新图像的宽高比。

●宽高比：即分辨率，数值越高，像素越高。但同样会影响画面的生成结果，分辨率越高，生成图像的时间也相对延长。

●总批次数和单批数量：总批次数指生成几批图像，单批数量指一次运行生成的图像数量。

●提示词引导系数（CFG Scale）：指提示词对生成的图像的影响程度。数值较低的情况下，生成的图像会更随机，和提示词之间的关联不大；较高的数值将提高生成结果与提示词的匹配度。通常情况下，建议参数设置为 7 ~ 12。

●随机种子（Seed）：可以理解为每张图像的唯一编码。如图 8.2-13 所示，当点击右侧的骰子图标，将种子数值设置为 -1 时，图像将随机生成。如果遇到喜欢的图像，可以点击绿色循环图标，将自动填入图像的种子数值，保证后续生成的图像与原图相似。

图8.2-13

8.2.4 图像生成区

在输入提示词并设置好参数后，如图 8.2-14 所示，单击右侧的生成按钮，就可以生成图像了。

图8.2-14

生成按钮下的 5 个图标功能从左至右分别为：读取上一次生成的图像的提示词；清除输入的提示词；显示或隐藏扩展模型；读取保存的提示词；保存提示词。

如图 8.2-15 所示，最后生成的图像会出现在下方的图像展示区。可以根据生成的图像质量和自身需求决定是否要后期处理（继续图生图或无损放大等）。

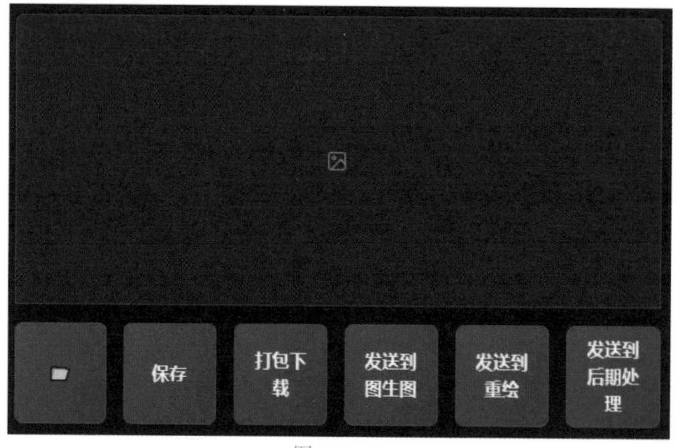

图8.2-15

第 9 章 Stable Diffusion 的基础操作

在认识了 Stable Diffusion 的操作界面后，就可以开始学习一些简单的基础操作来辅助图像的生成。

9.1 文生图

将想要的画面描述成一段文字，输入 Stable Diffusion 的提示词文本框中，让 AI 根据文字描述生成想要的图像，这个过程就是文生图功能，而这段文字描述被称为提示词。文生图是 Stable Diffusion 最基础的功能。

通常情况下，画面的精美程度主要取决于提示词是否精准。如果想要 Stable Diffusion 生成完成度较高的图像，就需要学习并了解提示词的详细参数和语法结构。

9.1.1 提示词的语法规则

在编写 Stable Diffusion 的提示词时，同样可以采取同 Midjourney 一样的语法结构，即：画面主体 + 背景 + 风格 + 画质 + 基础参数。但和 Midjourney 稍微不同的是 Stable Diffusion 的文生图流程还包含选择模型一环。

和 Midjourney 不同，Stable Diffusion 生图的过程中，需要选择模型来辅助控制画面的整体风格。在风格提示词的基础上，首先要在大模型中切换成自己想要的风格模型。如图 9.1-1 所示，比如想要生成一个国风图像，首先需要选择一个国风风格的大模型，然后在提示词中添加：Chinese style（中国风格）等。

图9.1-1

除此之外，其他的提示词描述和 Midjourney 基本相同：画面主体就是想画的主体物，通常占据画面的大部分；背景即主体所处的环境；画质影响图像的整体质量，比如分辨率、清晰度、噪声大小等。

9.1.2 正面提示词和负面提示词

Stable Diffusion 的提示词分为正向提示词和反向提示词两大类。正向提示词即在生成的画面中想看到的元素，反向提示词即不希望在画面中出现的元素。

选择完模型后，即可填写正向提示词。如图 9.1-2 所示，如果想要生成一张宠物猫的图像，就可以在正向提示词的文本框内输入：A cat（一只小猫）。生成的图像如图 9.1-3 所示。

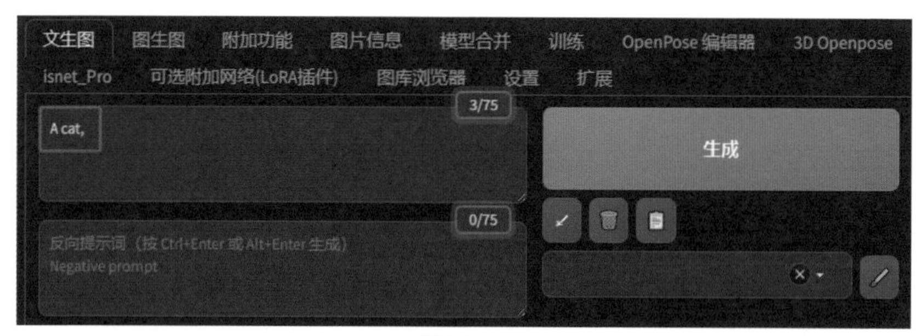

图9.1-2

图9.1-3

反向提示词即不希望在画面中出现的物体。比如图 9.1-3 的画面中，尾巴有明显的错误。如图 9.1-4 所示，这时就可以在反向提示词框内输入：Wrong tail（错误的尾巴）。生成的图像如图 9.1-5 所示。

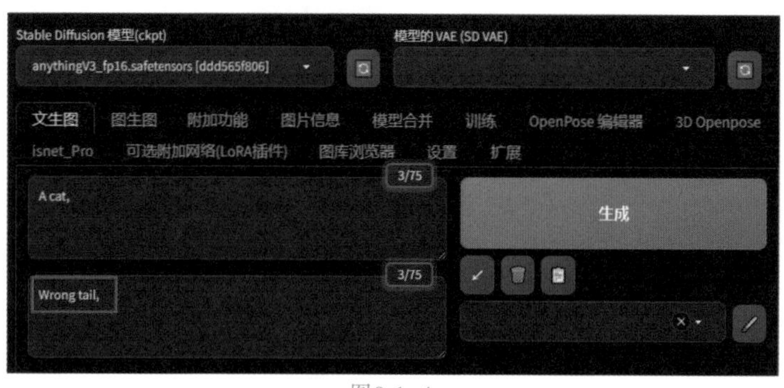

图9.1-4

图9.1-5

9.1.3 提示词的权重

提示词的权重，即该提示词对画面的影响程度。可以通过调整顺序和增加语法等方式来改变。

●顺序

通常情况下，提示词越靠前，对画面的影响会越大。比如在生成一张人与动物的图像时，如果将人相关的提示词放在动物的提示词前，生成的图像中人通常会占据大部分画面，而动物只出现在画面的角落。如果调整顺序，将动物的提示词放在人相关的提示词前，生成的图像中通常动物会占据画面较大的部分。

●语法

除此之外，还可以通过括号等语法的使用，来增减提示词的权重。

每用一次 (keyword)，代表将括号内的提示词提高 1.1 倍权重；每用一次 [keyword]，代表将括号内的提示词降低 1.1 倍权重。可以通过嵌套的方式进一步加权，每增加一次括号代表提示词升或降 1.1*1.1，即 1.21 倍，以此类推。

还可以直接在括号里输入冒号和需要的权重数值，例如：(keyword:2)，代表将括号内的提示词提高 2 倍权重。

比如想要生成一张花和少女的图像，图 9.1-6 ~ 图 9.1-8 依次为向日葵权重占比 1、1.1 和 1.5 倍的效果。

图9.1-6

图9.1-7

图9.1-8

9.2 图生图

图生图，又称“垫图”，即在上传的原图基础上，通过 AI 算法生成一张相似的新图像。如图 9.2-1 所示，即 Stable Diffusion 的图生图界面。

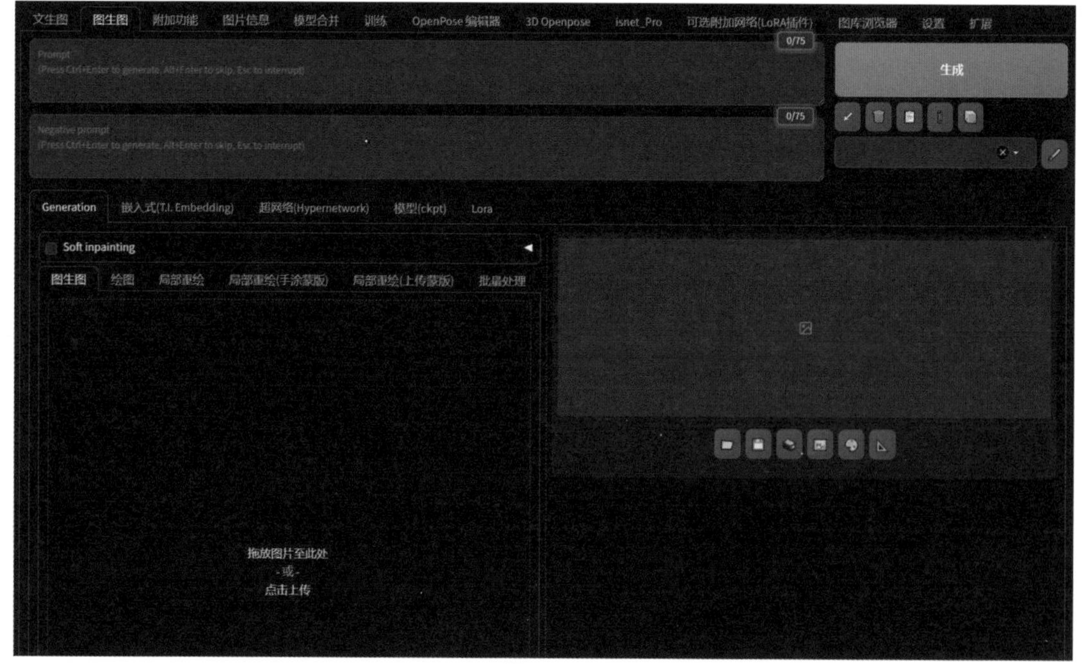

图9.2-1

9.2.1 反推提示词

Stable Diffusion 可以反向推导出上传的图像的提示词，其中分为 CLIP 反推和 DeepBooru 反推两种方式，如图 9.2-2 所示。

图9.2-2

CLIP 反推出的提示词通常呈长句形式，对画面的描写比较笼统；DeepBooru 反推出的提示词则多为短语，且描述更加细致。通常情况下，推荐使用 DeepBooru 反推。

9.2.2 参数设置

如图 9.2-3 所示，图生图界面的参数和文生图基本相同，只是多了一个缩放模式的选择。

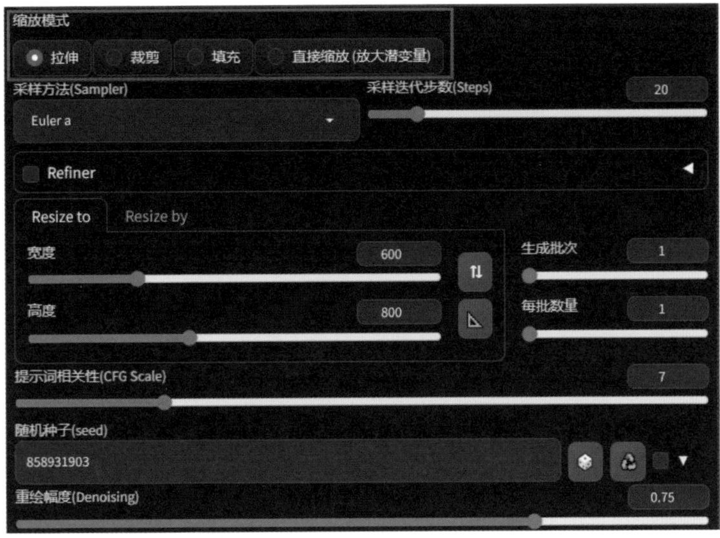

图9.2-3

以图 9.2-4 为例，如果想将这张图重绘成分辨率为 600x800 大小时，统一其他参数并将重绘幅度调整为 0，4 个模式生成的效果图分别如图 9.2-5~ 图 9.2-8 所示。

图9.2-4

图9.2-5

图9.2-6

图9.2-7

图9.2-8

●拉伸：如图 9.2-5 所示，会直接将图像压缩为需要的尺寸，画面中的人物常出现变形的情况。

●裁剪：如图 9.2-6 所示，会自动裁剪掉上下的部分空白内容，并进行合适的压缩。

●填充：如图 9.2-7 所示，首先把图像缩小到指定的尺寸，然后选取图像边缘的像素点为填充对象，自动填充周围的空白部分。但效果通常较死板。

●直接缩放（放大潜变量）：如图 9.2-8 所示，是一种特殊的缩放模式，在拉伸图像后使用噪声填充。但效果通常有较大的随机性。

9.2.3 图生图的步骤

如果想使用图生图的功能，比如想要将一张动漫风的图像转化为真人照片。

步骤① 如图 9.2-9 所示，进入 Stable Diffusion 图生图界面，上传图像。

图9.2-9

步骤② 如图 9.2-10 所示，选择采样方法（Sampler）为 DPM++ 2M SDE Heun Karras，采样迭代步数（Steps）调整为 30，并点击按钮自动匹配画面尺寸，其他参数保持不变。

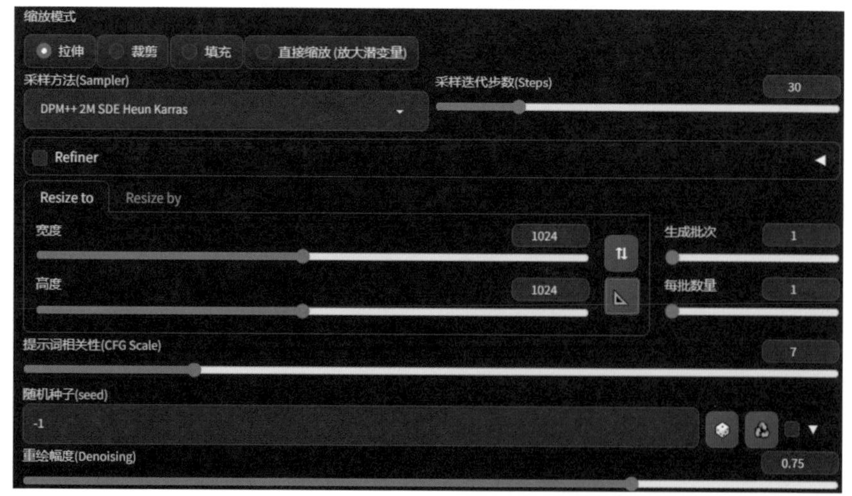

图9.2-10

步骤③ 如图9.2-11所示，选择图像需要的模型，并分别填写正向提示词和反向提示词。

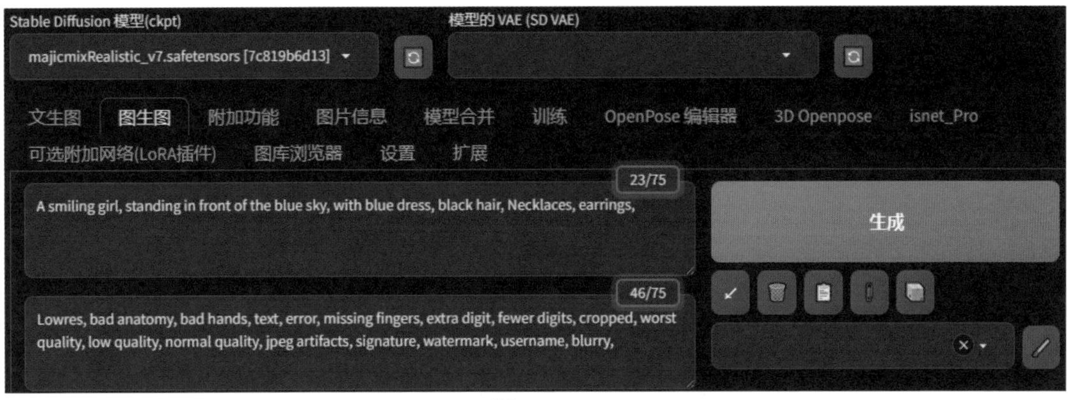

图9.2-11

正向提示词

A smiling girl，standing in front of the blue sky，with blue dress，black hair，necklaces，earrings，

（一个微笑的女孩，站在蓝天前，蓝色的衣服，黑色的头发，项链，耳环，）

反向提示词

Lowres, bad anatomy, bad hands, text, error, missing fingers, extra digit, fewer digits, cropped, worst quality, low quality, normal quality, jpeg artifacts, signature, watermark, username, blurry,

（低分辨率，糟糕的解剖结构，糟糕的手，文本，错误，丢失的手指，额外的数字，更少的数字，裁剪，最差的质量，低质量，正常质量，jpeg 工件，签名，水印，用户名，模糊，）

步骤④ 完成后点击生成按钮，生成的效果图如图 9.2-12 所示。

图9.2-12

9.2.4 局部重绘

在使用 Stable Diffusion 生成图像时，还可以使用局部重绘功能对不满意的地方进行重新绘制。

在 Stable Diffusion 图生图界面中可以找到局部重绘工具，局部重绘界面的参数如图 9.2-13 所示。

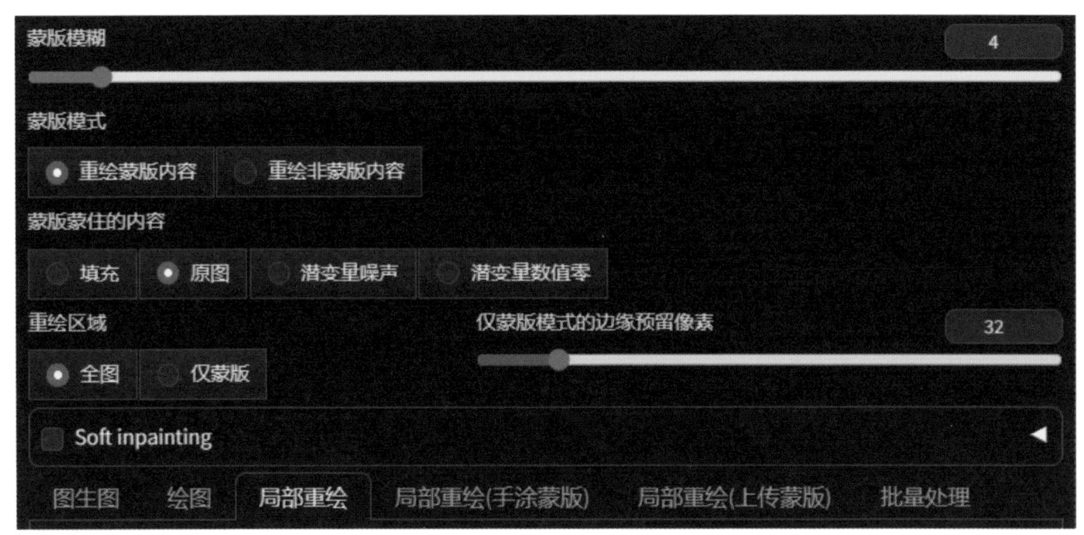

图9.2-13

●蒙版模糊：用于控制蒙版边缘的模糊程度。数值越小，边缘越锐利，画面效果越不自然。数值越大，边缘越柔和，画面效果越理想。数值一般默认即可。

●蒙版模式：

重绘蒙版内容：重新绘制蒙版内的内容，保留蒙版外的部分。

重绘非蒙版内容：重新绘制蒙版外的内容，保留蒙版内的部分。

●蒙版蒙住的内容：

填充：不考虑原画面中的元素，自由生成图像。

原图：最常使用的模式，会根据原画面中的元素生成新图像。

潜变量噪声：不考虑原画面中的元素，但相比填充模式更有创意、有更多细节。

潜变量数值零：不考虑原画面中的元素，但有更多细节。

●重绘区域：

全图：以原图大小为基础重绘蒙版区域。这样能更好地与原图融合，但细节会较少。

仅蒙版：仅修改蒙版区域。这样画面的细节会更丰富，但和原图的融合度会较低。

●仅蒙版模式的边缘预留像素：指蒙版边缘与原图相接处的像素，用于融合原图与新生成的内容。

如图 9.2-14 所示，在使用局部重绘功能时，上传图像后右上角会出现 4 个图标。

●撤销工具，用于返回上一次操作。

●橡皮擦工具，用于清除已绘制的蒙版，回到初始状态。

●删除工具，用于删除上传的图像。

●画笔工具，用于蒙版的绘制。单击图标可调整画笔的粗细。

图9.2-14

如果想使用局部重绘功能，比如想要修改人物衣服上的细节。

步骤① 如图 9.2-15 所示，进入 Stable Diffusion 图生图界面，选择局部重绘，上传图像。

步骤② 如图 9.2-16 所示，使用画笔工具绘制出画面需要修改的部分。

图9.2-15

图9.2-16

步骤③ 如图 9.2-17 所示，将蒙版边缘模糊度调整为 6，重绘区域选择仅蒙版。其他参数保持不变。

图9.2-17

步骤④ 如图 9.2-18 所示，根据图像所需的风格选择适合的模型，并填写重绘区域的正向提示词。

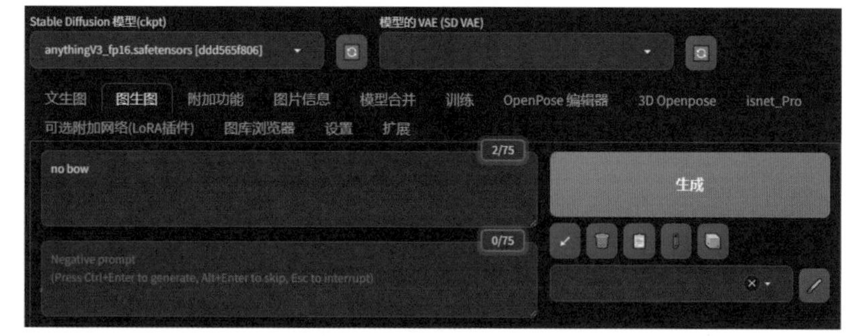

图9.2-18

图9.2-19

步骤⑤ 单击生成按钮，完成后效果如图 9.2-19 所示。

9.3 LoRA 模型的应用

LoRA 的英文全称是 Low-Rank Adaptation，是一种微调模型，常常用作大模型的补充。可以利用少量数据的训练，生成某种特定画风、IP 或人物的图像。

如图 9.3-1 所示，LoRA 模型是一种微调模型，文件包较小，通常为 10 ~ 200 MB。LoRA 模型必须搭配大模型一起使用，通常会在基本信息中标注出 Base Model，代表该模型在使用时必须搭配 SD 1.5 大模型，才能生成想要的效果。

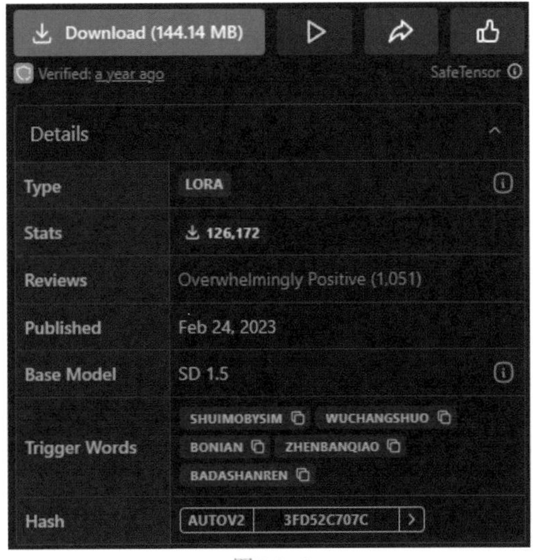

图9.3-1

目前比较常见的 LoRA 模型有：墨心 MoXin、blindbox 等。生成的画面效果分别如图 9.3-2 和图 9.3-3 所示。

图9.3-2

图9.3-3

第 10 章 ControlNet 插件应用

ControlNet 是一种用于控制 Stable Diffusion 模型的神经网络模型，可以帮助用户生成更精准的图像，在数字图像处理、计算机视觉、艺术设计等领域应用广泛。

10.1 ControlNet 的界面简介

如图 10.1-1 所示，ControlNet 界面大致可以分为 4 个区域：控制单元区、图像处理区、基础功能区、参数设置区。

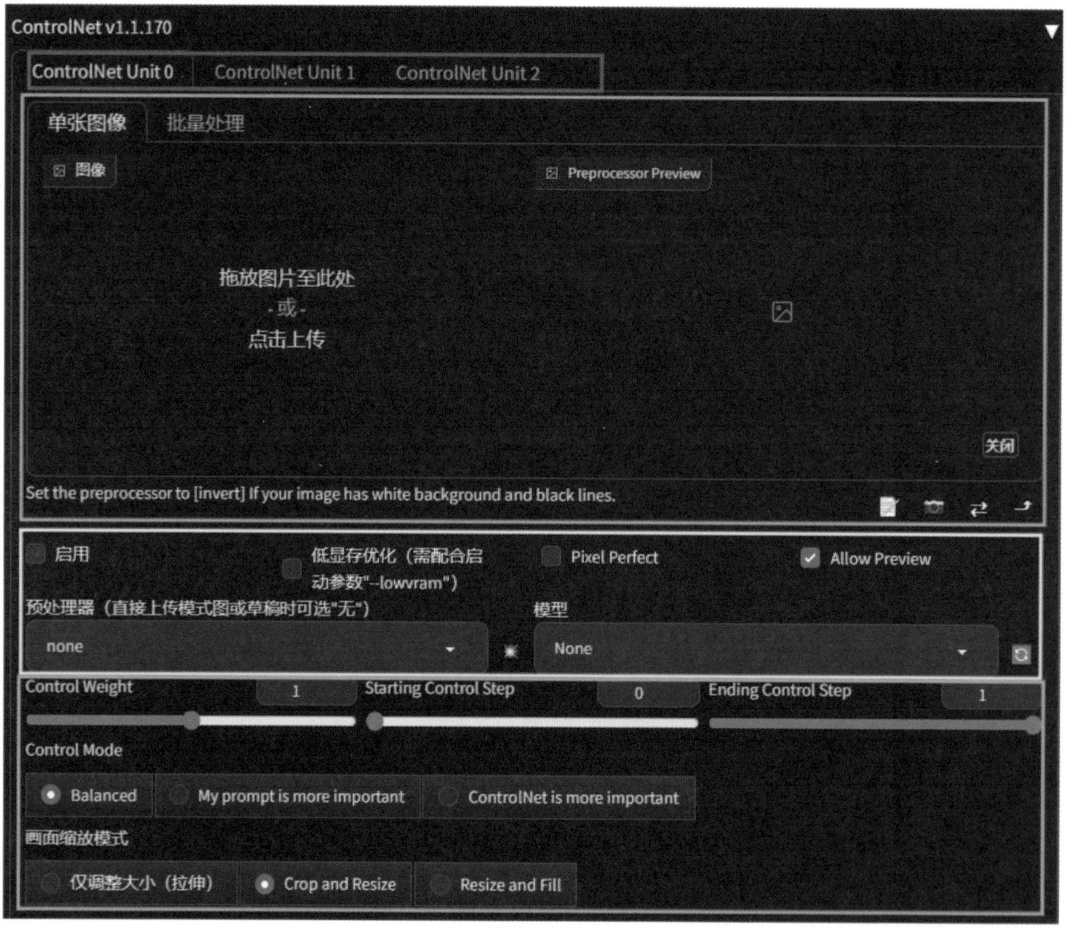

图10.1-1

10.1.1 控制单元区

如图 10.1-2 所示，ControlNet Unit 0~2 表示默认的 3 个单元界面，在使用 Stable Diffusion 时，可以同时开启并调用多个 ControlNet 单元，使用多种控制方式来进行图像的绘制。但开启的单元数越多，生成图像的速度就越慢。

图10.1-2

10.1.2 图像处理区

如图 10.1-3 所示，从左到右依次为：素材处理区、预处理结果预览区。

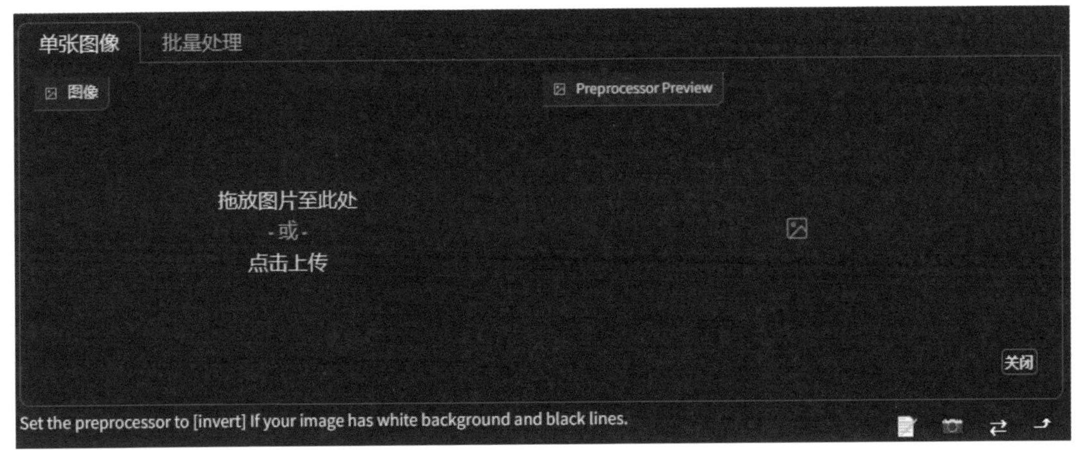

图10.1-3

- 素材处理区：用于上传原始图像。
- 预处理结果预览区：用于显示处理后的图像。

10.1.3 基础功能区

如图 10.1-4 所示，可以在此启用 ControlNet 的基本功能。

图10.1-4

●启用：勾选后，表示已启用该 ControlNet 单元。单击右上角的“生成”按钮时，将会按照 ControlNet 的相关设置来引导图像的生成，否则不生效。

●低显存优化：当显卡内存小于 4GB 时，建议勾选。

● Pixel Perfect：完美像素模式，勾选后，将自动生成高分辨率的图像。

● Allow Preview：允许预览，勾选后，将会显示结果预览框，方便观察预处理后的效果。

●预处理器：不同的预处理器将生成有不同特征效果的图像，选择后，可以实现对构图的精准控制。

●模型：不同的预处理器有各自相匹配的专属模型。在选择模型时，必须与预处理器的名称一致，否则就无法生成预期的结果。

10.1.4 参数设置区

如图 10.1-5 所示，可以在此设置 ControlNet 的基本参数。

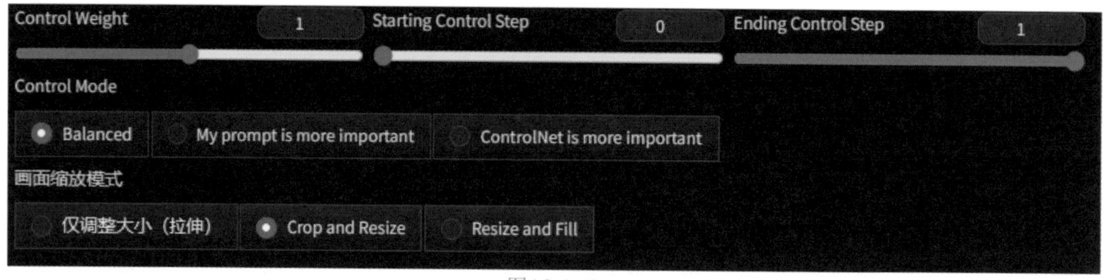

图10.1-5

● Control Weight：控制权重，指使用 ControlNet 插件生成图像时画面的影响程度，数值越大，受 ControlNet 的影响就越大。

● Starting Control Step：引导介入时机，用于决定图像在生成过程中的哪一步开始受 ControlNet 影响。通常设置为 0，表示一开始就被 ControlNet 介入控制生成过程。

● Ending Control Step：引导终止时机，用于决定图像在生成过程中的哪一步开始结束 ControlNet 影响。通常设置为 1，表示被 ControlNet 控制直至图像完成。

● Control Mode：控制模式，用于控制调整提示词与 ControlNet 两者对出图效果的影响。通常选择默认的均衡模式，代表二者兼顾。

●画面缩放模式：用于调整图像的大小。仅调整大小会拉伸图像、导致画面变形；裁剪后缩放会自动切割图像；缩放后填充空白会添加像素内容。但以上 3 种模式生成的效果都不佳，所以建议图像最好设置相同的分辨率。

10.2 ControlNet 的预处理器

不同类别的预处理器，可以让 ControlNet 生成的图像呈现出不同的效果。接下来简单介绍 3 种常用的预处理器类型。

10.2.1 Openpose 姿态检测

Openpose 预处理器可用于识别图像中人物姿态。如图 10.2-1 所示，Openpose 算法包括 5 种细分后的预处理器：Openpose 姿态检测（Openpose pose detection）、Openpose_face、Openpose_faceonly、Openpose_full、Openpose 姿态及手部检测（Openpose hand）。

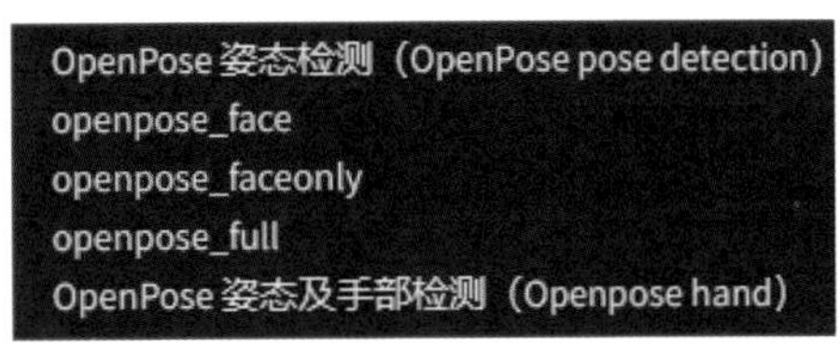

图10.2-1

- Openpose 姿态检测（Openpose pose detection）：用于识别图像中人物的整体骨架，包括面部五官、脖子、肩膀、肘部、腕部、膝盖和脚踝等。
- Openpose_face：用于增加并着重识别脸部关键点信息。
- Openpose_faceonly：仅能识别人物面部的关键点。
- Openpose_full：用于识别图像中人物整体的骨架关键点。
- Openpose 姿态及手部检测（Openpose hand）：用于识别图像中人物的整体骨架和手部的关键点。

如果想使用 Openpose 预处理器，以 Openpose 姿态检测（Openpose pose detection）为例。

步骤① 如图 10.2-2 所示，打开 ControlNet 面板，在素材处理区上传需要处理的图像，并勾选“启用”和 Allow Preview 选项。

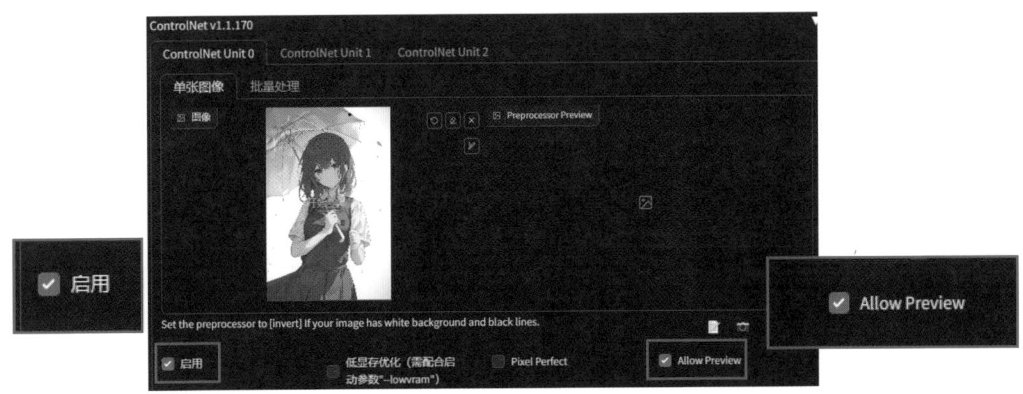

图10.2-2

步骤② 如图 10.2-3 所示，预处理器选择 openpose，模型选择 control_v11p_sd15_openpose [cab727d4]。单击（预览）按钮，即可在预览区看到预处理结果。完成后单击右下方（匹配）按钮。

图10.2-3

步骤③ 如图 10.2-4 所示，选择采样方法（Sampler）为 DPM++ 3M SDE Karras，采样迭代步数（Steps）调整为 30，其他参数保持不变。

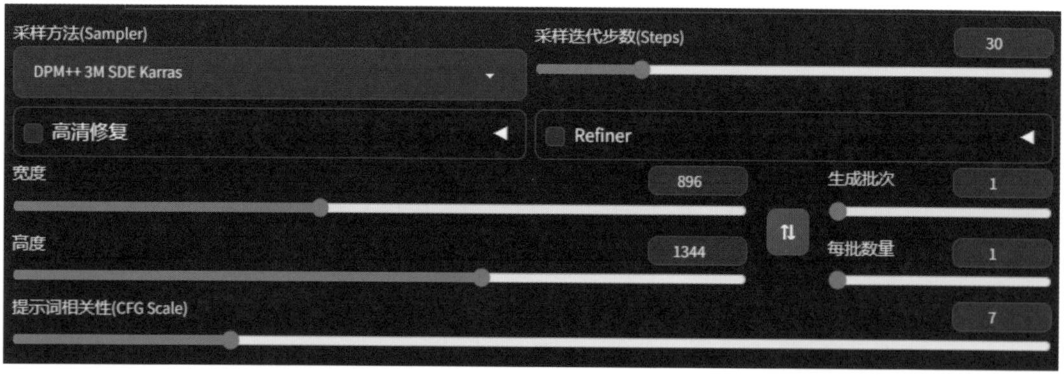

图10.2-4

步骤④ 如图 10.2-5 所示，根据自身需求选择相应风格的大模型，并在正向提示词输入框内填写：1 girl（一个女孩）。

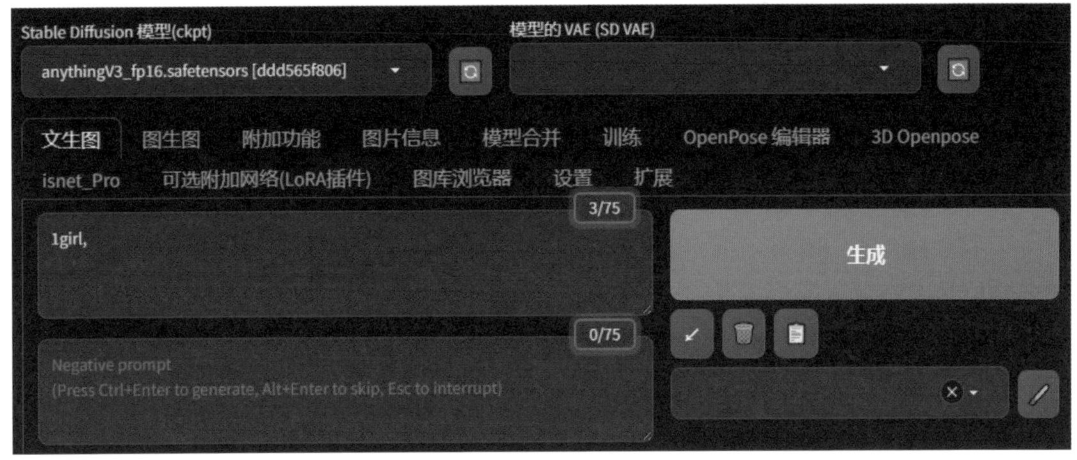

图10.2-5

步骤⑤ 完成后单击“生成”按钮，最终效果如图 10.2-6 所示。

图10.2-6

10.2.2 Lineart 线稿提取

Lineart 预处理器可用于对图像的线稿的提取。如图 10.2-7 所示，Lineart 算法包括 5 种细分后的预处理器：Lineart_anime、Lineart_anime_denoise、Lineart_coarse、Lineart_realistic、Lineart_standard (from white bg & black line)。

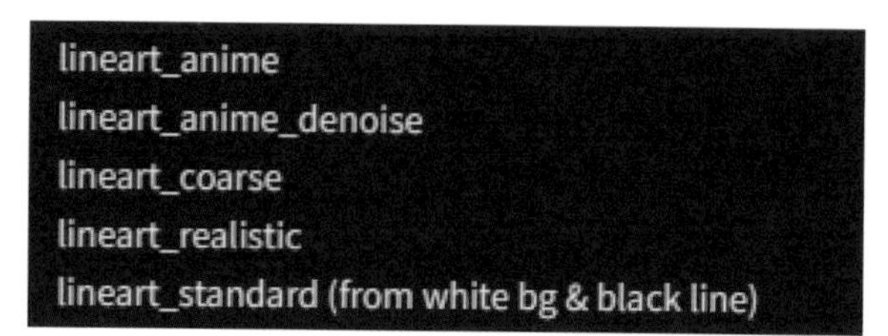

图10.2-7

- Lineart_anime：动漫线稿提取，多用于生成动漫风格的线稿。
- Lineart_anime_denoise：动漫线稿提取并去噪，在提取动漫风格线稿的同时，进行降噪处理。
- Lineart_coarse：粗略线稿提取，多用于生成粗糙的线稿。
- Lineart_realistic：写实线稿提取，多用于生成写实风格的线稿，线条较精细。
- Lineart_standard (from white bg & black line)：标准线稿提取、白底黑线反色，用于黑白图像的线稿转换，在还原线条的同时增加部分光影关系和背景。

如果想使用 Lineart 预处理器，以 Lineart_anime 为例。

步骤① 如图 10.2-8 所示，打开 ControlNet 面板，在素材处理区上传需要处理的图像，并勾选“启用”和 Allow Preview 选项。

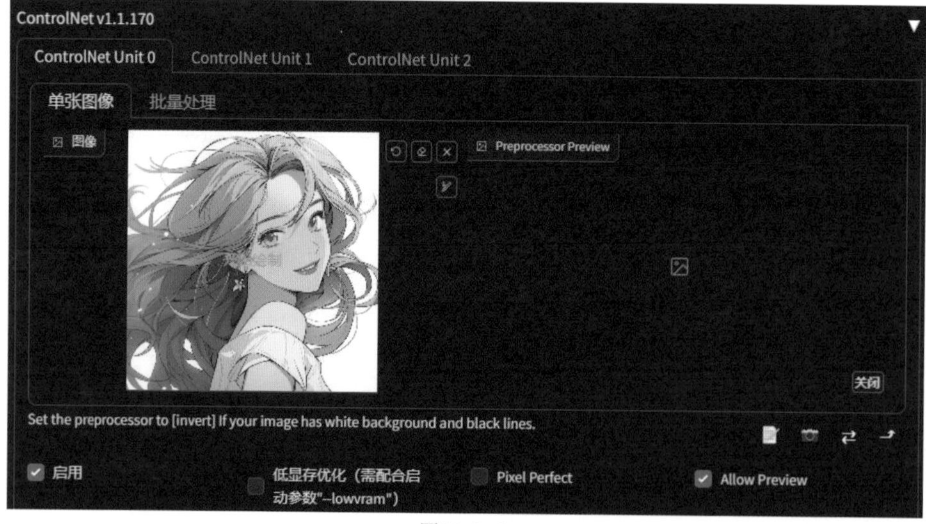

图10.2-8

步骤② 如图 10.2-9 所示，预处理器选择 lineart_anime，模型选择 control_v11p_sd15_lineart[43d4be0d]。单击（预览）按钮，即可在预览区看到预处理结果。完成后单击右下方（匹配）按钮。

图10.2-9

步骤③ 如图 10.2-10 所示，选择采样方法（Sampler）为 Euler a，采样迭代步数（Steps）调整为 30，其他参数保持不变。

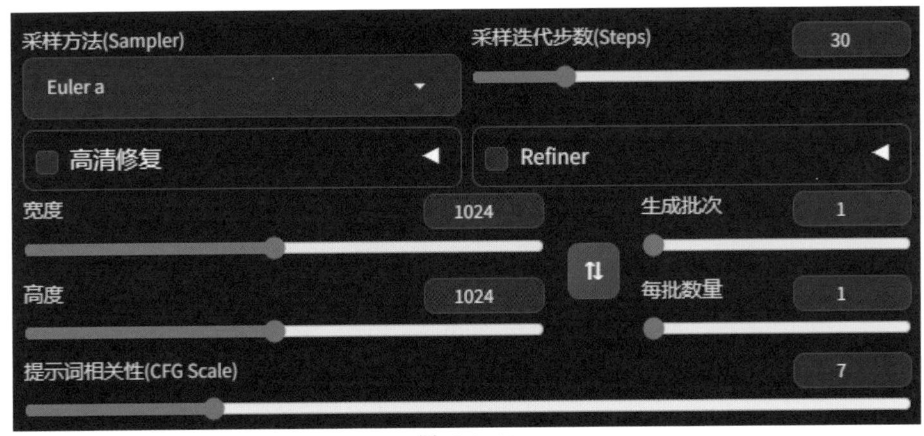

图10.2-10

步骤④ 如图 10.2-11 所示，根据自身需求选择相应风格的大模型，并在正向提示词输入框内填写：1 girl（一个女孩）。

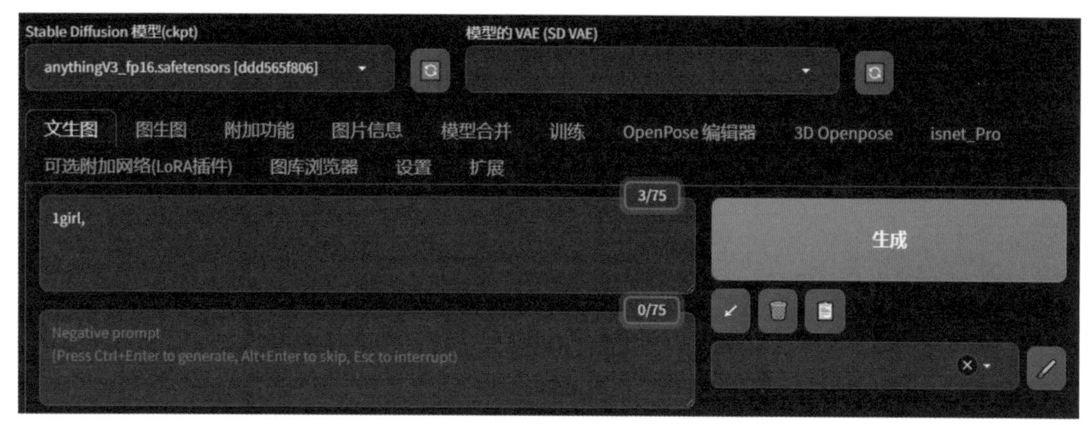

图10.2-11

步骤⑤ 完成后单击“生成”按钮，最终效果如图 10.2-12 所示。

图10.2-12

10.2.3 Depth 预处理器

Depth 预处理器可用于深度图的生成，根据画面中灰阶色值的不同，区分出元素的远近关系。如图 10.2-13 所示，Depth 算法包括 3 种细分后的预处理器：Depth_lerest++、Depth_midas、Depth_zoe。

depth_leres++
depth_midas
depth_zoe

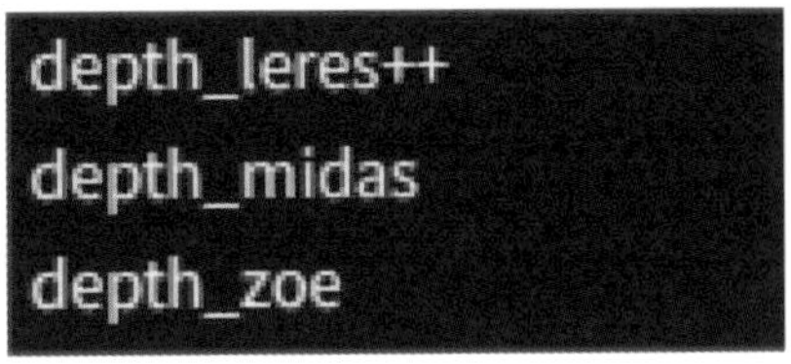

图10.2-13

- Depth_lerest++：成像焦点通常位于中间的景深层，还可以给图像增加细节。
- Depth_midas：最常用的深度信息估计器，人物与背景的分离比较明显。
- Depth_zoe：深度信息估算能力较强，且较均匀。

如果想使用 Depth 预处理器，以 Depth_lerest++ 为例。

步骤① 如图 10.2-14 所示，打开 ControlNet 面板，在素材处理区上传需要处理的图像，并勾选“启用”和 Allow Preview 选项。

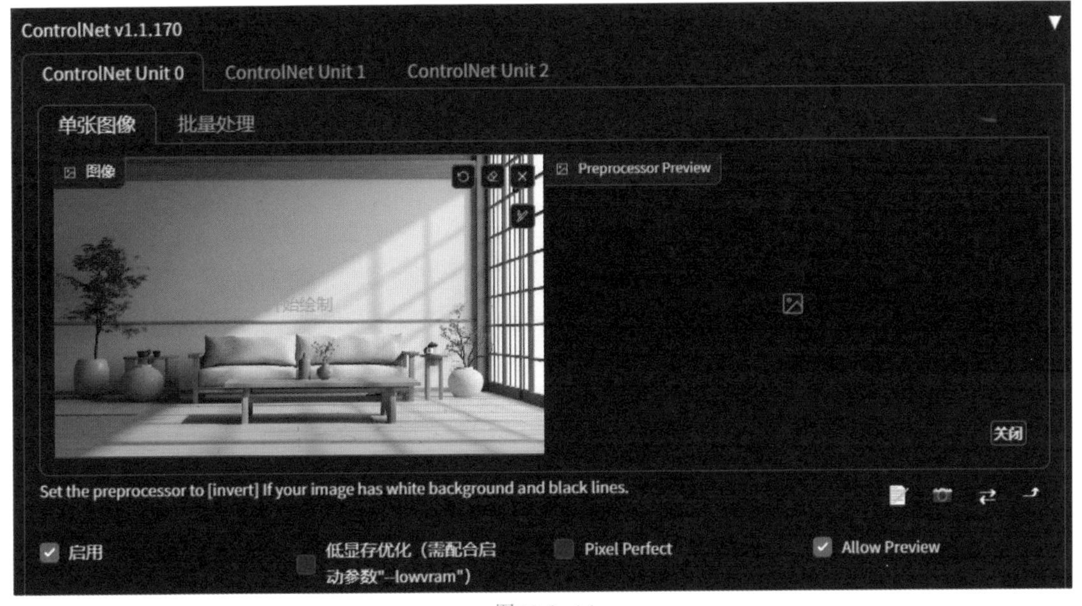

图10.2-14

步骤② 如图 10.2-15 所示，预处理器选择 depth_leress++，模型选择 control_v11f1p_sd15_depth[cfd03158]。单击（预览）按钮，即可在预览区看到预处理结果。完成后单击右下方（匹配）按钮。

图10.2-15

步骤③ 如图 10.2-16 所示，选择采样方法（Sampler）为 Euler a，采样迭代步数（Steps）调整为 30，其他参数保持不变。

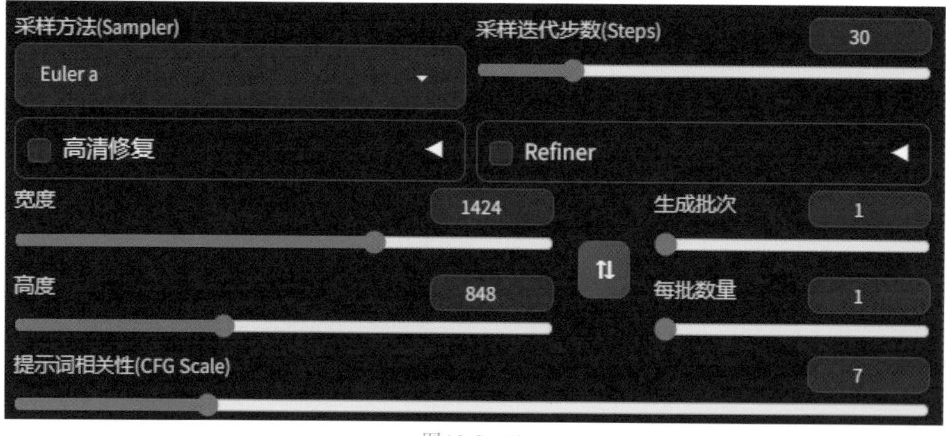

图10.2-16

步骤④ 如图 10.2-17 所示，根据自身需求选择相应风格的大模型，并在正向提示词输入框内填写：1 room（一个房间）。

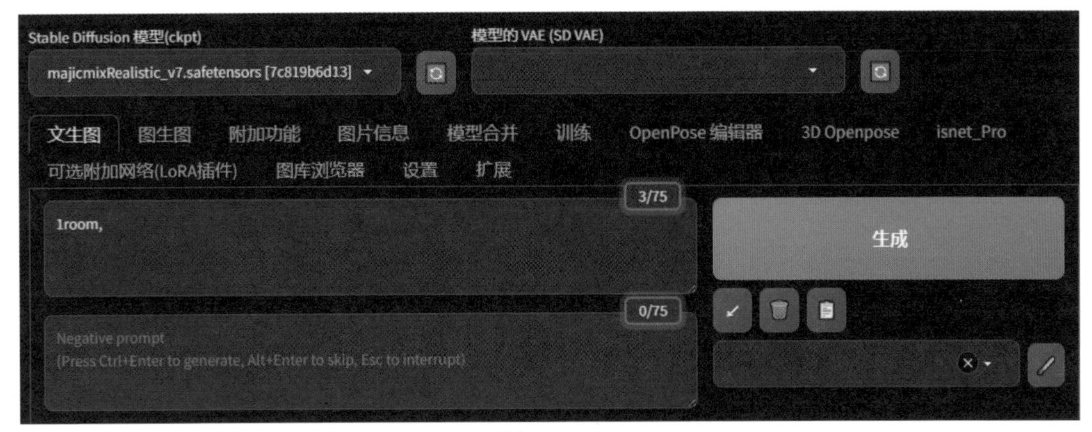

图10.2-17

步骤⑤ 完成后单击“生成”按钮，最终效果如图 10.2-18 所示。

图10.2-18

Photoshop 篇

Adobe Photoshop，简称 PS，是由 Adobe 公司开发的一款图像处理软件。Photoshop 主要处理像素构成的数字图像，可进行图像的处理、合成、编辑和创造，广泛应用于图像、图形、文字、视频、出版等行业中。

第 11 章 Photoshop 的基础操作

Photoshop 的界面由多种工具组成，在学习 Photoshop 前，必须先了解软件的基础工具和功能。

11.1 认识 Photoshop 界面

Photoshop 的界面由菜单栏、工具选项栏、工具箱、图像窗口、浮动调板等部分组成。

如图 11.1-1 所示，Photoshop 工作界面最上方的菜单栏中包含了 12 个菜单选项，不同版本的 Photoshop 菜单栏会有细微差异，但不影响正常使用。菜单栏中的选项里包含了多种用于编辑的命令，可以根据操作的需求单击对应的选项。

Ps　文件(F)　编辑(E)　图像(I)　图层(L)　文字(Y)　选择(S)　滤镜(T)　3D(D)　视图(V)　增效工具　窗口(W)　帮助(H)

图11.1-1

●文件：单击菜单栏中的“文件”，弹出的菜单命令可用于文件的新建、打开、保存、置入和关闭等操作。

●编辑：单击菜单栏中的“编辑”，弹出的菜单命令可用于对图像的拷贝、粘贴、剪切、合并、填充和变化等操作。

●图像：单击菜单栏中的“图像”，弹出的菜单命令可用于调整图像的色调、模式和大小等。

●图层：单击菜单栏中的“图层”，弹出的菜单命令可用于对图层的新建、复制、建立蒙版、编组和锁定等操作。

●文字：单击菜单栏中的“文字”，弹出的菜单命令可用于文本的消除锯齿、创建工作路径、栅格化文字图层和文字变形等操作。

●选择：单击菜单栏中的“选择”，弹出的菜单命令可用于选区的选择、反选、修改、扩大和变换等操作。

●滤镜：单击菜单栏中的“滤镜”，弹出的菜单命令可用于图像的风格处理、添加各种特殊的画面效果，其中包括液化、3D、模糊、扭曲、渲染等操作。

● 3D：单击菜单栏中的“3D”，弹出的菜单命令可用于 3D 模型文件的合并、导出和拆分等操作。

●视图：单击菜单栏中的“视图”，弹出的菜单命令可用于视图的调整、缩放、显示标尺和设置参考线等操作。

●增效工具：单击菜单栏中的“增效工具”，弹出的菜单命令可用于制作特殊的图像效果、创建更高效的工作流程以及扩展插件和脚本的工具等操作。

●窗口：单击菜单栏中的“窗口”，弹出的菜单命令可用于调整工作界面中的面板、工具箱和窗口等版面的位置。

●帮助：单击菜单栏中的“帮助”，弹出的菜单命令可用于显示软件相关的各种辅助说明信息。

11.2 常用工具介绍

如图 11.2-1 所示，Photoshop 工作界面左侧的工具箱中包含了常用的一些工具选项，可以根据操作的需求单击对应的选项。

由上向下依次为：

●移动工具：单击工具箱中的“移动工具”，可移动选区或图层。

●矩形选框工具：单击工具箱中的“矩形选框工具”，可创建矩形形状的选区。右键可选择矩形、椭圆、单行、单列选框工具。

●套索工具：单击工具箱中的“套索工具”，可创建手绘选区。右键可选择多边形套索工具、磁性套索工具。

●魔棒工具：单击工具箱中的“魔棒工具”，可选择颜色相近的选区。

●裁切工具：单击工具箱中的“裁切工具”，可裁剪图像。

●图框工具：单击工具箱中的“图框工具”，可为图像创建占位符图框。

●吸管工具：单击工具箱中的“吸管工具”，可从图像中取样颜色。

●修补工具：单击工具箱中的“修补工具”，可用图像另一部分的像素替换所选区域。

●画笔工具：单击工具箱中的“画笔工具”，可绘制自定义画笔描边。

●仿制图章工具：单击工具箱中的“仿制图章工具”，可用图像的样本像素来进行绘图。

●历史记录画笔工具：单击工具箱中的“历史记录画笔工具”，可将图像的某些部分恢复到以前状态。

●橡皮擦工具：单击工具箱中的“橡皮擦工具”，可将像素更改为背景颜色或透明颜色。

图11.2-1

●渐变工具：单击工具箱中的“渐变工具”，可创建颜色之间的渐变混合。

●模糊工具：单击工具箱中的“模糊工具”，可模糊图像中的部分区域。

●减淡工具：单击工具箱中的“减淡工具”，可调亮图像中的部分区域。

●钢笔工具：单击工具箱中的“钢笔工具”，可通过锚点与手柄创建和更改路径或形状。

●文字工具：单击工具箱中的“文字工具”，可添加文字。右键可选择横排、直排、直排文字蒙版、横排文字蒙版工具。

●路径选择工具：单击工具箱中的“路径选择工具”，可选择路径。

●矩形工具：单击工具箱中的“矩形工具”，可绘制矩形。

●抓手工具：单击工具箱中的“抓手工具”，可在图像的不同部分间平移。

●缩放工具：单击工具箱中的“缩放工具”，可放大或缩小图像。

第 12 章 抠图与蒙版处理

在使用 Photoshop 设计作品或处理摄影照片时，最常用的一种功能就是抠图。抠图是指从一张完整的图像中分离出需要的部分成为单独的图层，方便后期的合成。

12.1 常用的抠图方法

使用 Photoshop 抠图的方法有很多，其中包括套索工具、选框工具、快速蒙版、钢笔勾画路径后转选区、通道、应用图像法等。接下来我们介绍几种常用的抠图方法。

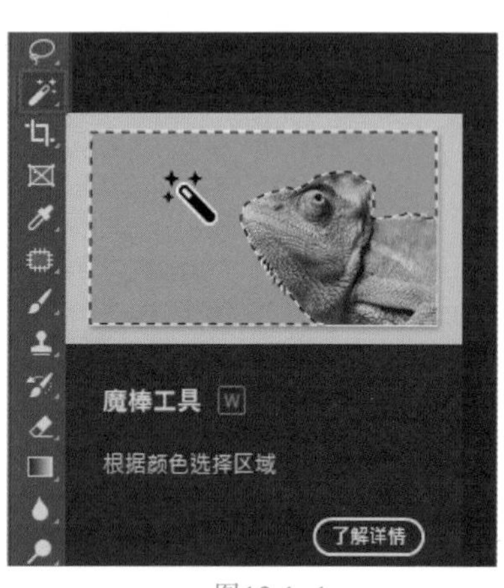

图12.1-1

●魔棒工具

用途：魔棒工具常用于处理背景颜色单调、线条清晰的图像。

步骤：如图 12.1-1 所示，用 Photoshop 打开需要处理的图像，在工具箱中选择魔棒工具。设置窗口菜单的容差值和是否连续，容差一般设置在 30~40 之间，若抠取主体间存在空隙，则不勾选连续。用魔棒工具单击图像，形成选择区域，并执行反向命令。按 Delete 键删除，并把背景图层设置为不可见。完成后按 Ctrl+D 组合键取消选区，即可完成抠图。

●钢笔工具

用途：钢笔工具常用于处理比较复杂的图像，如头发、半透明物体等。

步骤：如图 12.1-2 所示，用 Photoshop 打开需要处理的图像，在工具箱中选择钢笔工具。在图像边缘创建并调整锚点，使其与边缘贴合。调整完成后，按 Ctrl+C 组合键复制选区，再按 Ctrl+V 组合键粘贴到新图层中，即可完成抠图。

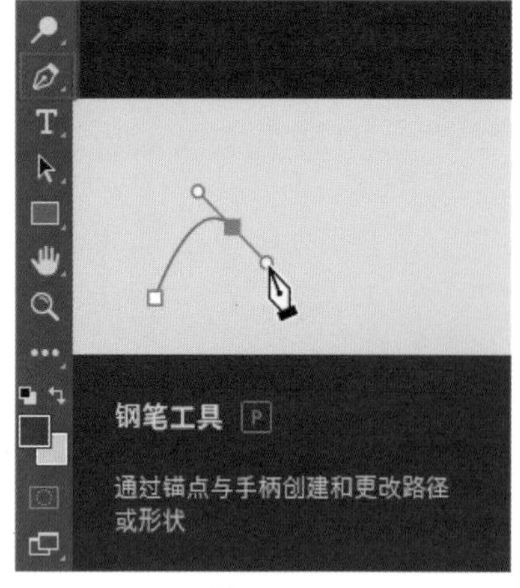

图12.1-2

图12.1-3

●磁性套索工具

用途：磁性套索工具常用于处理色彩对比强烈、边界较清晰的图像。

步骤：如图 12.1-3 所示，用 Photoshop 打开需

要处理的图像，在工具箱中选择套索工具中的磁性套索工具。调整画布大小，左击开始绘制选区，磁性套索工具会自动吸附边缘，形成一个虚线框。在虚线框完整闭合后，双击鼠标左键即可完成抠图。

●通道抠图

用途：通道抠图常用于处理毛发、云朵等有复杂纹理的图像。

步骤：如图 12.1-4 所示，用 Photoshop 打开需要处理的图像，在右下角的图像窗口中选择通道面板。在通道面板中，选择主体与背景对比最强的通道作为抠图选区，按 Ctrl+L 组合键打开色阶窗口，加深颜色对比，完成后单击通道下方“载入选区”图标，选中 RGB 通道，返回图层，按 Ctrl+J 组合键，即可得到抠图后的图层。

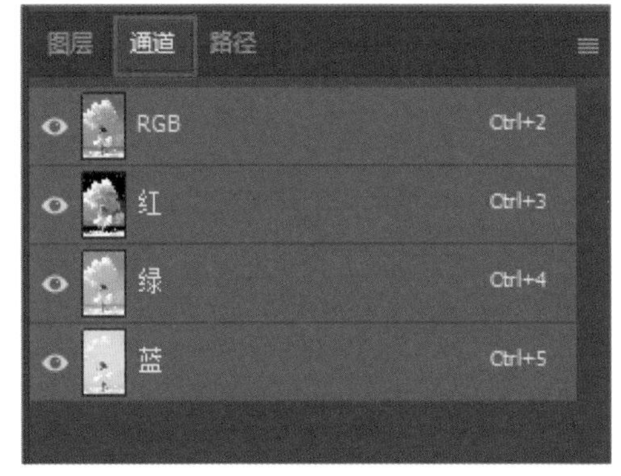

图12.1-4

12.2 制作蒙版的方法

Photoshop 中的蒙版功能，可以简单地理解成蒙在图层上面的一张板子，只要配合不同颜色的画笔，就可以自行隐藏、显示，或半透明地展现图像中的部分内容。

Photoshop 中的蒙版主要分为图层蒙版、剪贴蒙版、矢量蒙版、快速蒙版 4 大类。

●图层蒙版

用途：图层蒙版常用于隐藏图层的局部内容，从而实现画面的局部调整或合成制品的制作。

步骤：如图 12.2-1 所示，用 Photoshop 打开需要处理的图像，在右下角的图像窗口中选择“添加蒙版”。按 Alt 键进入蒙版编辑状态，使用画笔或渐变工具对蒙版进行修改，涂白色部分表示显示，涂黑色部分表示隐藏，涂灰色部分表示半透明。

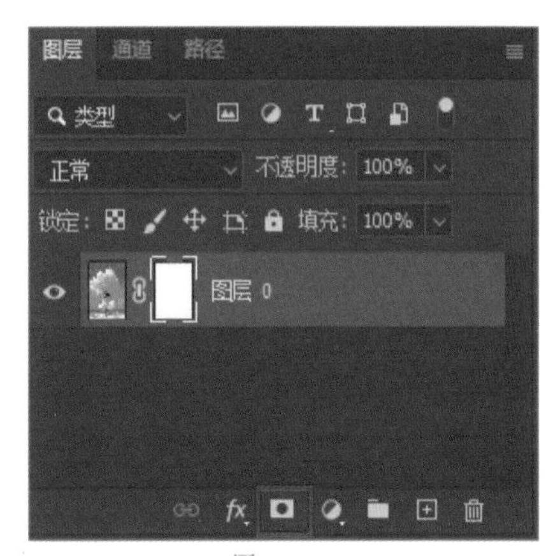

图12.2-1

●剪贴蒙版

用途：剪贴蒙版常用于文字的图案填充、遮盖图稿、制作样式，从而实现画面美观性的调整。

步骤：如图 12.2-2 所示，用 Photoshop 打开需要处理的图像。想要创建剪贴蒙版，必须有 2 个或 2 个以上的图层。打开包含多图层的文档后，在右下角的图像窗口中右击图层，选择“创建剪贴蒙版”。将文字图层置于图像图层下方，选中图像图层，按 Alt 键，点击文字图层即可。

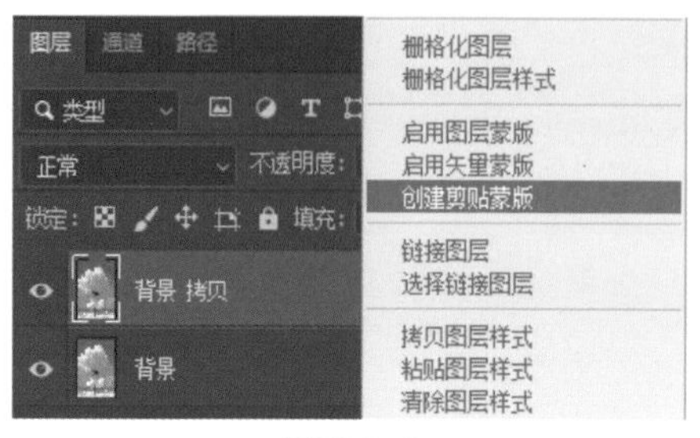

图12.2-2

●矢量蒙版

用途：矢量蒙版用途与图层蒙版类似，但矢量蒙版根据路径选择区域，且蒙版只有灰白两色。

步骤：如图 12.2-3 所示，用 Photoshop 打开需要处理的图像。在图层菜单栏中选择矢量蒙版。使用钢笔工具或形状工具对主体图形进行编辑修改，从而改变蒙版的遮盖区域。

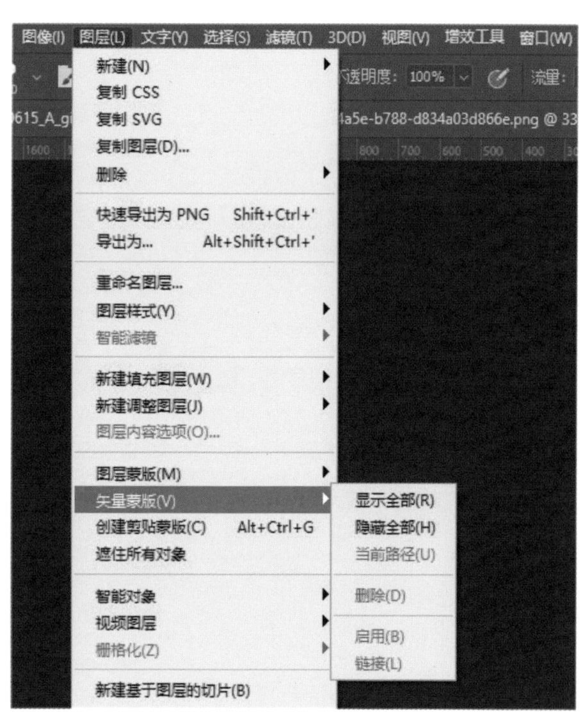

图12.2-3

●快速蒙版

用途：快速蒙版用途与图层蒙版类似，主要用于创建、编辑和修改选区。

步骤：如图 12.2-4 所示，用 Photoshop 打开需要处理的图像。在工具箱最下方选择“快速蒙版”。选择笔刷工具，在快速蒙版模式中选中图像中需要处理的部分，再次点击“快速蒙版”按钮，退出快速蒙版模式，按 Ctrl+Shift+I 组合键进行反选，按 Delete 键删除选框内容，隐藏掉背景图即可。

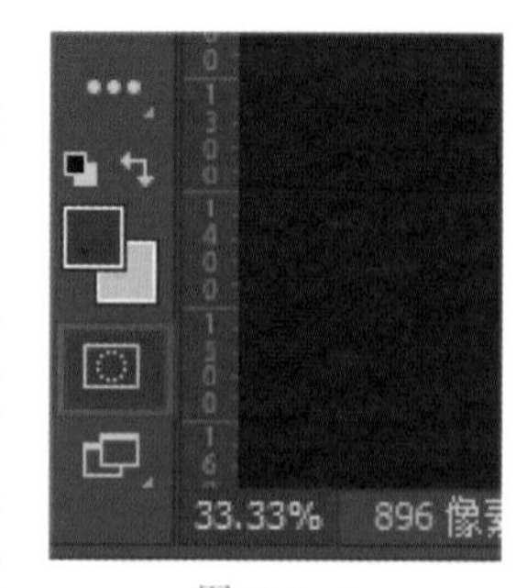

图12.2-4

第 13 章　文字处理

Photoshop 有着强大的文字编辑功能，可以辅助图像的制作和美化。文字工具和设置面板的结合使用，可以修改文字的样式，从而实现更完美的画面效果。

13.1 文字工具

如图 13.1-1 所示，在 Photoshop 的工具箱中，单击“文字工具”，即可添加文字。右键可选择横排文字工具、直排文字工具、直排文字蒙版工具、横排文字蒙版工具。

图13.1–1

如图 13.1-2 所示，在输入文字后，可以在选项栏中对文字的属性和效果进行设置。

图13.1–2

●切换文本取向：单击选项栏中的“切换文本取向”，可将原横排的文字调整为直排，原直排的文字调整为横排。

●设置字体：单击选项栏中的“设置字体”，可在下拉列表中根据需求和审美自行选择不同效果的字体。

●字体样式：单击选项栏中的“字体样式”，可在下拉列表中根据需求和审美自行选择需要的字体样式。但该选项只对部分英文字体有效。

●字体大小：单击选项栏中的“字体大小”，可在下拉列表中选择字体大小，也可以直接输入需要的数值。

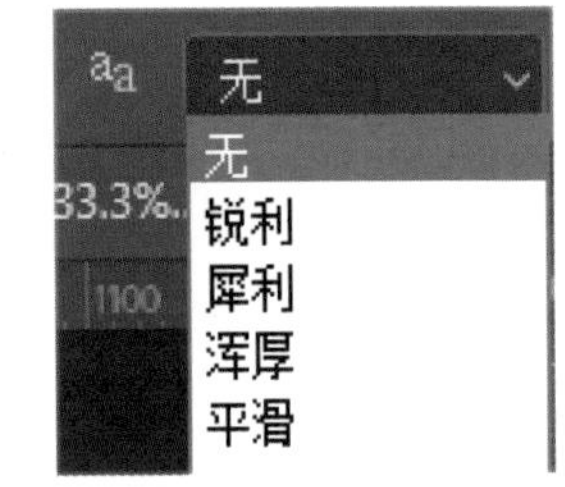

图13.1–3

●消除锯齿：如图 13.1-3 所示，单击选项栏中的“消除锯齿”，可在下拉列表中选择为文字消除锯齿的方式。选择“无”，文字边缘极锐利；选择“锐利”，文字边缘非常锐利；选择“犀利”，文字边缘比较锐利；选择“浑厚”，文字边缘较平滑；选择“平滑”，文字边缘非常平滑。

●文本对齐方式：单击选项栏中的“文本对齐方式”，可选择文本如何对齐，依次为左对齐、居中对齐、右对齐。

●文本颜色：单击选项栏中的“文本颜色”，可在拾色器中选择文本的颜色。

●创建文字变形：如图 13.1-4 所示，单击选项栏中的“创建文字变形”，可在弹出的变形文字框中为文本设置想要的变形效果。

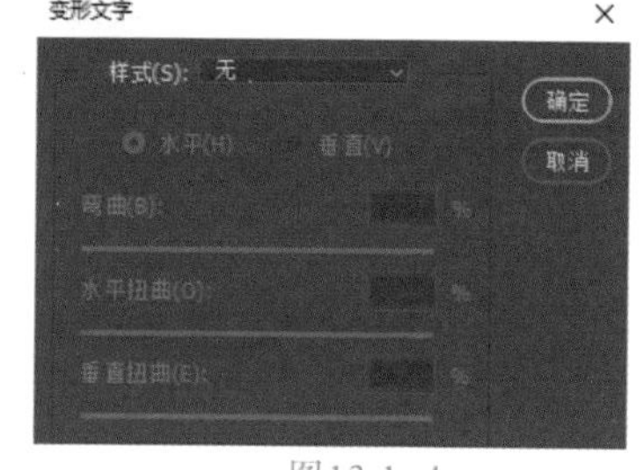

图13.1-4

13.2 文字属性

在 Photoshop 菜单栏的“窗口”中，单击“字符”，即可在弹出的面板中设置画面中的字符属性。比起文字面板，字符和段落面板可以对文字进行更多的操作。

13.2.1 字符面板

如图 13.2-1 所示，可以在字符面板内按照需求和审美自定义字符属性。

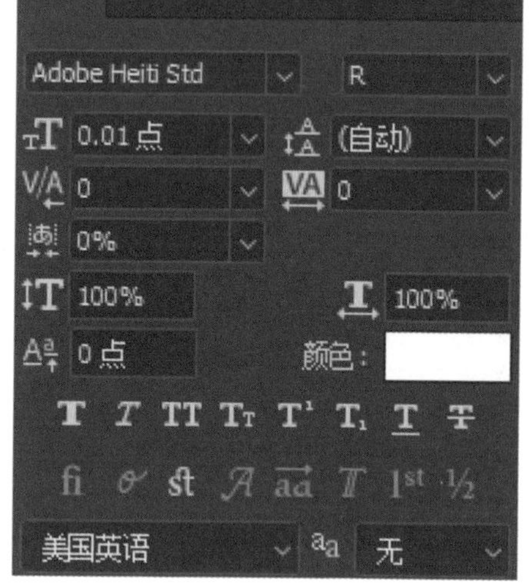

图13.2-1

●设置行距：单击选项栏中的“调整行距”，选择需要调整的文字图层，在下拉列表中选择需要的行距值或直接输入数值，就可以调整两行文字基线之间的距离。

●字距微调：单击选项栏中的“字距微调”，将光标插入需要调整的 2 个字符之间，在下拉列表中选择需要的字距微调值或直接输入数值。正数代表字距扩大，负数代表字距缩小。

●字距调整：单击选项栏中的“字距调整”，在下拉列表中选择需要的字距调整值或直接输入数值。正数代表字距扩大，负数代表字距缩小。

●比例间距：单击选项栏中的“比例间距”，在下拉列表中选择需要的比例，可通过调整空间来伸展或缩小所选字符的间距。

●垂直缩放和水平缩放：单击选项栏中的“垂直缩放和水平缩放”，在下拉列表中选择需要的比例，可设置文字的垂直或缩放程度。

●基线偏移：单击选项栏中的“基线偏移”，输入相应的数值来设置文字和基线之间的距离。正数代表文字上移，负数代表文字下移。

●语言设置：单击选项栏中的“语言设置”，在下拉列表中选择对应的语言，可设置相关字符和拼写规则的语言。

13.2.2 段落面板

如图 13.2-2 所示，可以在段落面板内按照需求和审美自定义段落间的属性。

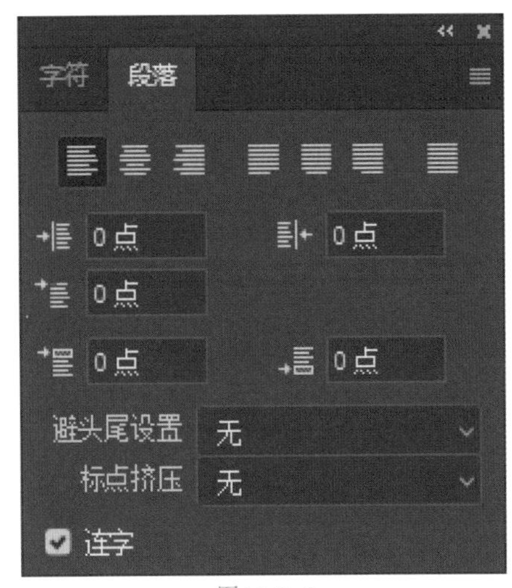

图13.2-2

●对齐方式：在段落面板的最上方一排，可以自行选择段落的对齐方式。从左到右依次为：左对齐文本、居中对齐文本、右对齐文本、最后一行左对齐、最后一行居中对齐、最后一行右对齐、全部对齐。

●缩进方式：在段落面板的中间，可以自行选择段落文本的缩进方式。依次为：左缩进、右缩进、首行缩进、段前添加空格、段后添加空格。

●避头尾设置：单击选项栏中的“避头尾设置”，可以设定不允许出现在行首或行尾的字符。

●标点挤压：单击选项栏中的“标点挤压”，可以设定指定字符、罗马字符、标点符号、特殊字符、行首、行尾和数字之间的间距，在下拉列表中选择“间距组合 1”，即对标点使用半角间距；选择“间距组合 2”，即对段落中除最后一个字符外的文本使用全角间距；选择“间距组合 3”，即对行中包括最后一个字符的大多数字符使用全角间距；选择“间距组合 4”，即对所有字符使用全角间距。

●连字：勾选选项栏中“连字”框后，在输入英文换行时，会自动用连字符将单词连接起来。

13.2.3 文字样式

文字样式是指已经自定义好的文字属性合集，其中包括文字大小、间距、对齐方式、段落样式等，这样在进行大量的文字排版时，就可以快速调用样式，加快排版效率。

如图 13.2-3 所示，可以在 Photoshop 菜单栏的“文字”中，单击“面板”选项中的字符样式面板或段落样式面板。

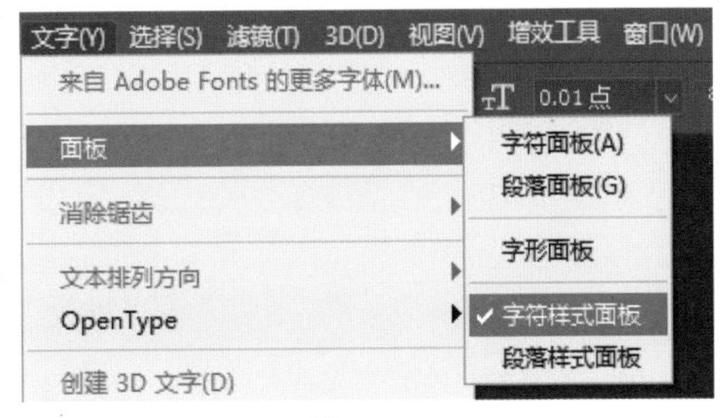

图13.2-3

如图 13.2-4 所示，在样式面板中，可以预存我们想要的文字属性。

●清除：单击样式面板下方的“清除”按钮，可以清除当前的样式。

图13.2-4

●合并覆盖：单击样式面板下方的“合并覆盖”按钮，可以将当前选中的文字的属性覆盖到所选的样式中。

●创建样式：单击样式面板下方的“创建样式”按钮，可以创建新的样式。

●删除样式：单击样式面板下方的“删除样式”按钮，可以删除选中的样式。

实战篇

如今 AI 在很多行业中都有运用，并已取得了显著发展，包括但不限于绘画、海报、包装、VI 视觉设计、电商、摄影、家具和室内设计等，不断重塑着不同领域的创作、教学和市场格局。

第 14 章 插画绘制和海报设计

插画和海报是一种强有力的视觉传达工具，在文化、社会、商业和影视等多个领域都起着重要作用。而 AI 工具的出现，极大地提高了绘画效率，并丰富了作品的表现力。

14.1 头像绘制

Midjourney 工具能够理解复杂的视觉元素和审美标准，从简单的色彩填充到复杂的光影效果，其都能够以惊人的速度和质量完成，极大地缩短了创作周期，无论是社交媒体的个人头像，还是游戏和应用程序中的角色设计，AI 工具都能提供强大的支持。

步骤① 如图 14.1-1 所示，在界面下方的文本框内输入英文符号 /，并选择 /imagine 命令，在 /imagine 命令后的 prompt 栏中输入提示词。

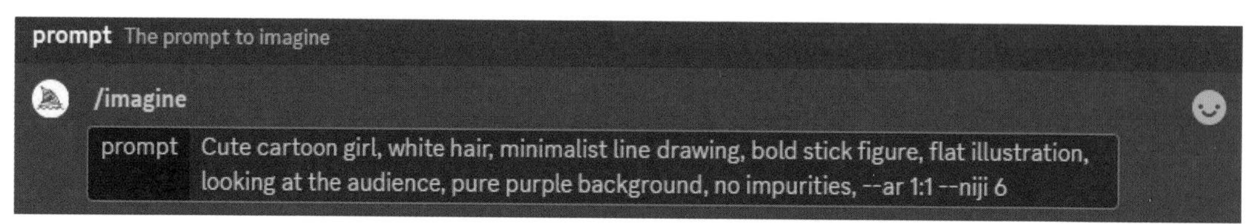

图14.1-1

提示词：

Cute cartoon girl, white hair, minimalist line drawing, bold stick figure, flat illustration, looking at the audience, pure purple background, no impurities, --ar 1:1 --niji 6

可爱的卡通女孩，白发，极简线条画，粗体简笔画，平面插图，看着观众，纯紫色背景，无杂质，出图比例 1：1，版本 niji 6

步骤② 如图 14.1-2 所示，在生成的图中选择自己想要的图像（U4）。点击大图，选择用浏览器打开，在网页内按右键保存。

图14.1-2

步骤③ 完成后最终效果如图 14.1-3 所示。

图14.1-3

作者心得

在进行头像绘制时，可以不局限于使用动漫风格，还可以多尝试使用其他风格，如油画风、复古风、中国风、皮克斯风格等等，根据自己的喜好添加提示词描述，从而创造出独一无二的头像。

14.2 线稿上色

借助 Stable Diffusion，可以减少烦琐的上色流程、摆脱传统方式的束缚，将更多精力投入创意构思和线条勾勒上，使得创作过程更加高效便捷。

步骤① 如图 14.2-1 所示，准备好一张需要上色的黑白线稿图。

图14.2-1

步骤② 如图 14.2-2 所示，打开 Stable Diffusion，根据图像所需的风格选择相关的二次元风格模型。

图14.2-2

步骤③ 如图 14.2-3 所示，打开 ContorlNet 面板，点击启用、允许预览，控制类型选择 Lineart，预处理器选择 lineart_standard (from white bg & black line)，模型选择 control_v11p_sd15-lineart[43d4be0d]，点击💥（预览）按钮，在预览窗口查看预处理结果。

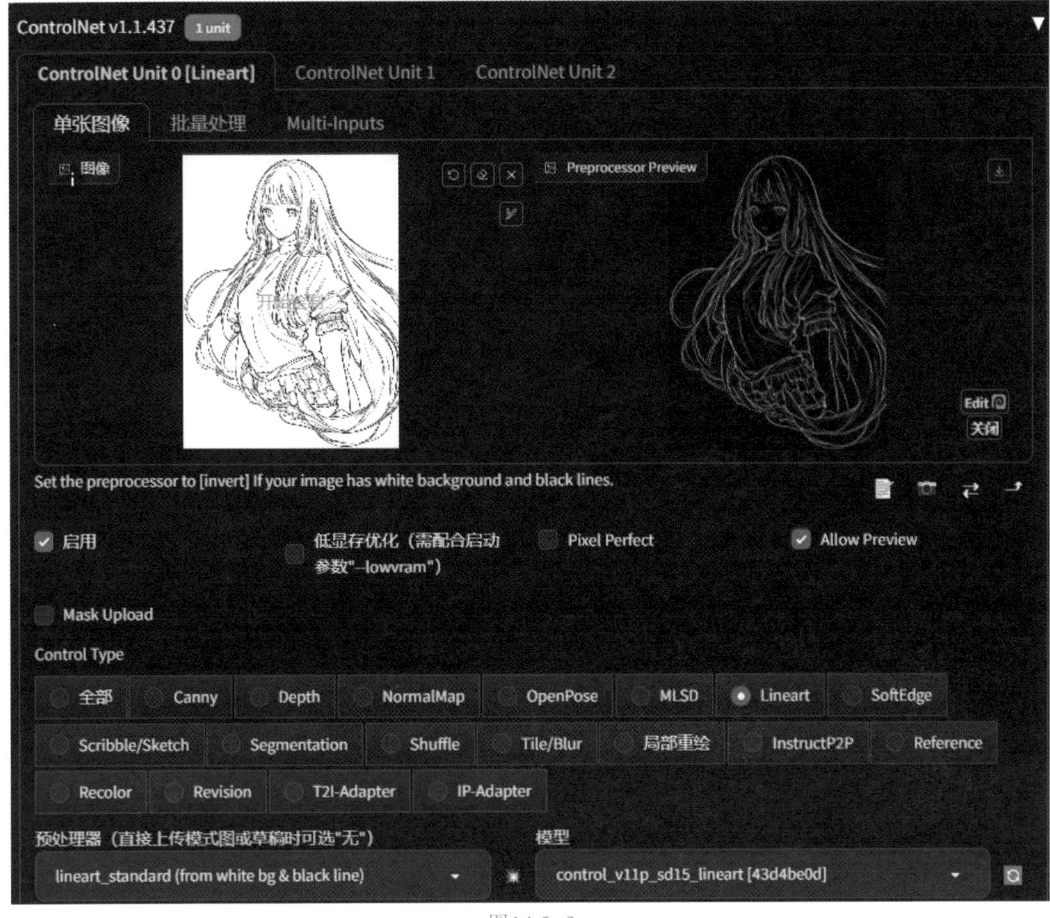

图14.2-3

步骤④ 如图 14.2-4 所示，根据需求填写正向提示词。

图14.2-4

提示词：

A girl with long hair, half-body photo, sense of dream, rich in details, colorful colors,

一个长发女孩，半身照，梦幻感，丰富的细节，丰富多彩的颜色，步骤⑤ 如图 14.2-5 所示，采样方法选择 DPM++2M Karras，将迭代步数调整为 25。

图14.2-5

步骤⑥ 如图 14.2-6 所示，选择图像的宽高比例，其他参数保持不变。

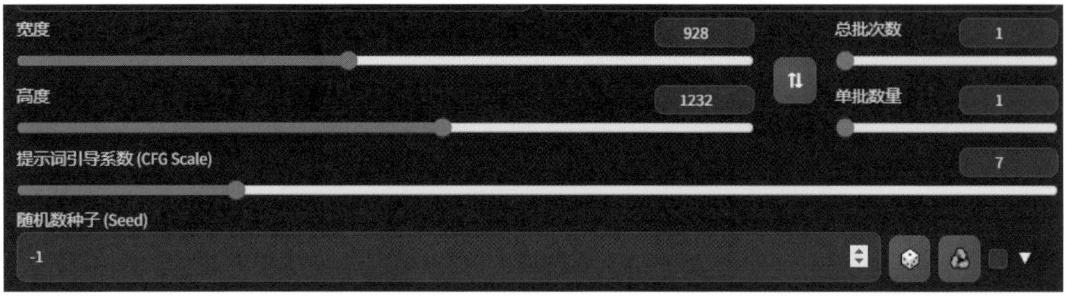

图14.2-6

步骤⑦ 如图 14.2-7 所示，单击生成按钮，等待图像的生成。

图14.2-7

步骤⑧ 完成后最终效果如图 14.2-8 所示。

图14.2-8

作者心得

在进行线稿上色时，白底黑线的图像需要在预处理器中选择反向处理，因为 Stable Diffusion 会将白色区域识别为有效的，也就是黑色部分为背景、白色部分为线条。

图14.3-1

14.3 节气海报

Stable Diffusion 可以将中国古老的节气文化以一种全新的视觉语言呈现出来，比如将字体转化为一幅生动的节气海报，让传统节气在数字时代焕发新的光彩。

步骤① 如图 14.3-1 所示，准备好一张黑底白字的字体图像。

步骤② 如图 14.3-2 所示，打开 Stable Diffusion，根据图像所需的风格选择相关的真实风格模型。

图14.3-2

步骤③ 如图 14.3-3 所示，打开 ContorlNet 面板，点击启用、允许预览，控制类型选择 Scribble/sketch，预处理器选择 scribble_pidinet，模型选择 control_v11p_sd15_scribble[d4ba51ff]，点击💥（预览）按钮，在预览窗口查看预处理结果。

图14.3-3

步骤④ 如图 14.3-4 所示，根据需求填写正向提示词，并选择合适的 LoRA 模型。

图14.3-4

提示词

Grass, flowers,lake,stones,realistic rendering detail,best quality,<lora: 粿条 cartoon grass scene model 3D 电商卡通草地场景 _v1.0:0.8>

草，花，湖，石头，逼真的渲染细节，最好的质量，<lora: 粿条 cartoon grass scene model 3D 电商卡通草地场景 _v1.0:0.8>

步骤⑤ 如图 14.3-5 所示，采样方法选择 Euler a，将迭代步数调整为 30。

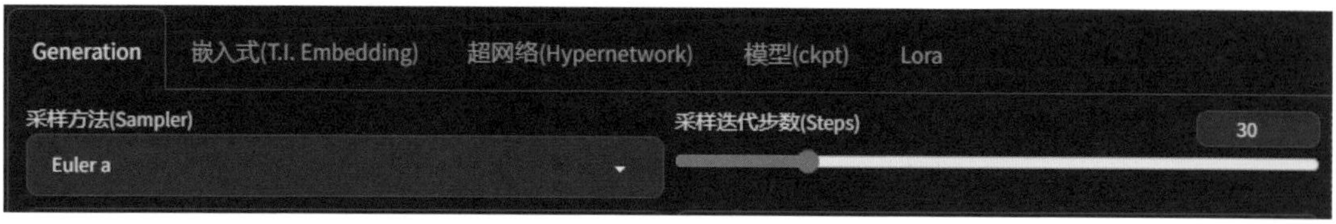

图14.3-5

步骤⑥ 如图 14.3-6 所示，选择图像的宽高比例，其他参数保持不变。单击生成按钮，等待图像的生成。

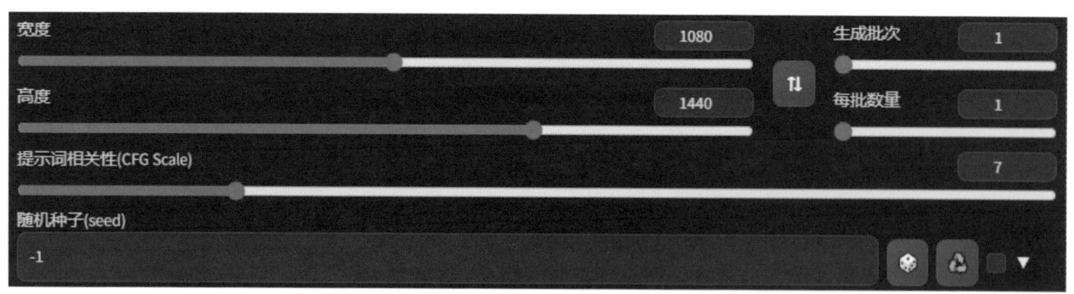

图14.3-6

步骤⑦ 完成后最终效果如图 14.3-7 所示。

图14.3-7

作者心得

在制作文字嵌套时，尽量使用具有明显笔画和形状的字体，尺寸大小最好占整体画面的一半，以便在嵌套时让 Stable Diffusion 清晰地识别文字内容。

第 15 章 包装和 VI 视觉设计

包装设计是根据产品的要求，为其提供保护、美化、宣传和销售的一种形式。按产品的特性，在包装材料、包装造型、包装结构上进行综合的设计，通过图案、色彩、编排设计等，起到美化和宣传产品的作用。VI 即 Visual Identity，通常译为视觉识别系统，通过具体的符号概念塑造出独特的企业形象。

15.1 盒形包装设计

盒形包装是日常生活最常见的设计形式。盒形包装材质轻、便于大规模生产和回收、易于加工，因此广泛运用于食品、服装、医药品、工艺品等多项包装领域。

步骤① 如图 15.1-1 所示，在界面下方的文本框内输入英文符号 /，并选择 /imagine 命令，在 /imagine 命令后的 prompt 栏中输入提示词。

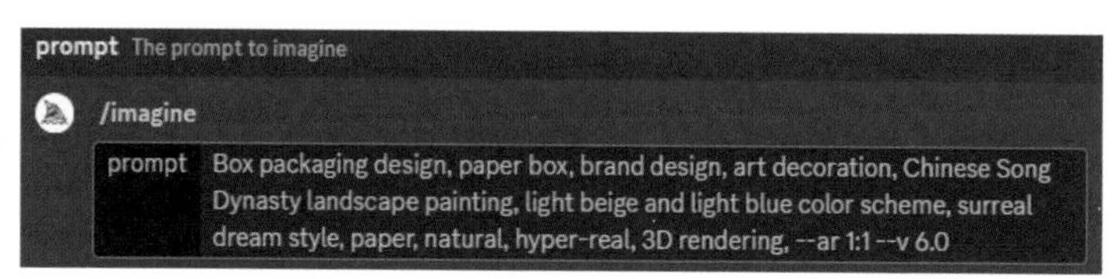

图15.1-1

提示词

Box packaging design, paper box, brand design, art decoration, Chinese Song Dynasty landscape painting, light beige and light blue color scheme, surreal dream style, paper, natural, hyper-real, 3D rendering, --ar 1:1 --v 6.0

盒形包装设计，纸盒，品牌设计，艺术装饰，中国宋代山水画，浅米色与浅蓝色配色，超现实梦幻风格，纸质，自然，超真实，三维渲染，出图比例 1：1，版本 v 6.0

步骤② 如图 15.1-2 所示，在生成的图中选择自己想要的图像（U3）。点击大图，选择用浏览器打开，在网页内按右键保存。

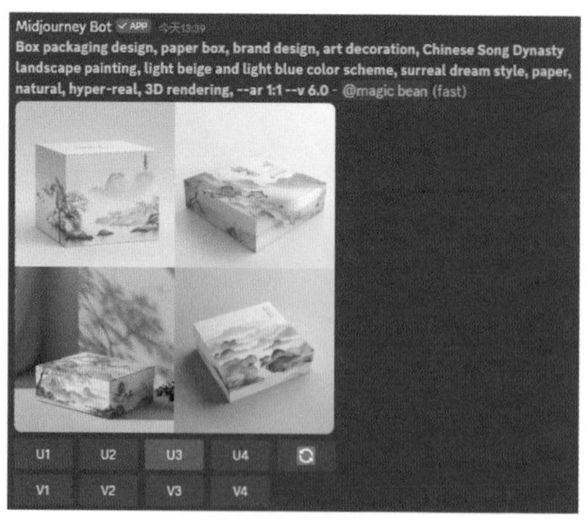

图15.1-2

步骤③ 完成后最终效果如图 15.1-3 所示。

图15.1-3

作者心得

在进行包装的绘制时，最好在提示词中明确产品相关的颜色、调性、风格和材质属性。

15.2 LOGO 设计

LOGO 是用于品牌传播的徽标或商标，由具有一定含义并易于理解的图形组成，具有简洁、明确的视觉传递效果。通常情况下，品牌的创建都会从 LOGO 开始设计。而 AI 可以为我们的设计提供灵感。

步骤① 如图 15.2-1 所示，在界面下方的文本框内输入英文符号 /，并选择 /imagine 命令，在 /imagine 命令后的 prompt 栏中输入提示词。

图15.2-1

提示词

Design a logo for a farm, the main character is a boy holding a little lamb, the style print is retro style, American --niji 5

设计一个农场的标志，主角是一个抱着小羊的男孩，风格印花是复古风格，美式，出图版本 niji 5

步骤② 如图 15.2-2 所示，在生成的图中选择自己想要的图像（U2）。点击大图，选择用浏览器打开，在网页内按右键保存图像。

图15.2-2

步骤③ 如图 15.2-3 所示，将图像置入 Photoshop 中进行后期处理制作，删除图像背景后进行文字排版。

图15.2-3

步骤④ 如图 15.2-4 所示，给完成后的 LOGO 增加一个合适的纯色背景。

图15.2-4

步骤⑤ 完成后此时效果如图 15.2-5 所示。

图15.2-5

作者心得

在用 Midjourney 制作 LOGO 时，需要事先确定好 LOGO 的名字和想要的样式。这样才能更好地调整提示词，让 Midjourney 出的图像效果更贴近品牌。

15.3 吉祥物设计

从简单的形状构思到复杂的细节刻画，Midjourney 都能够以惊人的速度和质量完成，让吉祥物设计变得更加高效和便捷，使得设计师们能够专注于创意的构思和灵感的激发，为品牌、活动或节日等场景创造出独一无二的吉祥物形象。

步骤① 如图 15.3-1 所示，在界面下方的文本框内输入英文符号 /，并选择 /imagine 命令，在 /imagine 命令后的 prompt 栏中输入提示词。

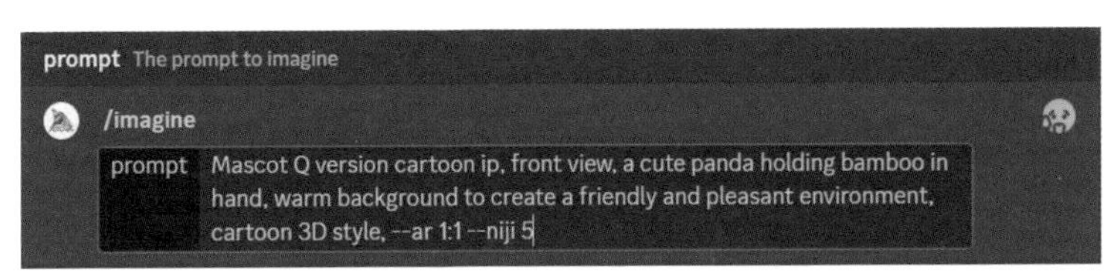

图15.3-1

提示词

Mascot Q version cartoon ip, front view, a cute panda holding bamboo in hand, warm background to create a friendly and pleasant environment, cartoon 3D style, --ar 1:1 --niji 5

吉祥物 Q 版卡通 ip，正视图，一只可爱的熊猫，手里拿着竹子，温馨的背景营造出友好愉快的环境，卡通三维风格，出图比例 1：1，版本 niji 5

步骤② 如图 15.3-2 所示，在生成的图中选择自己想要的图像（U2）。点击大图，选择用浏览器打开，在网页内按右键保存。

图15.3-2

步骤③ 完成后最终效果如图 15.3-3 所示。

图15.3-3

作者心得

在进行吉祥物设计时，尽可能预想并完善吉祥物的外观特征，例如颜色、表情、姿态和服饰等，能够帮助 AI 更准确地生成符合预期的设计。此外，可以添加背景、动作等提示词来增加吉祥物的场景感和活力。

第 16 章 电商相关设计

电商设计通常包括网页设计和平面设计，通过互联网传播来达到销售商品的目的。AI 绘画能在电商相关的设计过程中为设计者提供创作灵感，从而节约创作时间。

16.1 模特换装

如果想要为模特搭配不同的服装，可以尝试使用 Stable Diffusion 来实现这一目的，使得创作过程更加高效便捷。

步骤① 如图 16.1-1 所示，准备好一张需要模特试穿的衣服效果图。

步骤② 如图 16.1-2 所示，打开 Stable Diffusion，进入 OpenPose 编辑器，编辑并保存想要的人物姿态。

图16.1-1

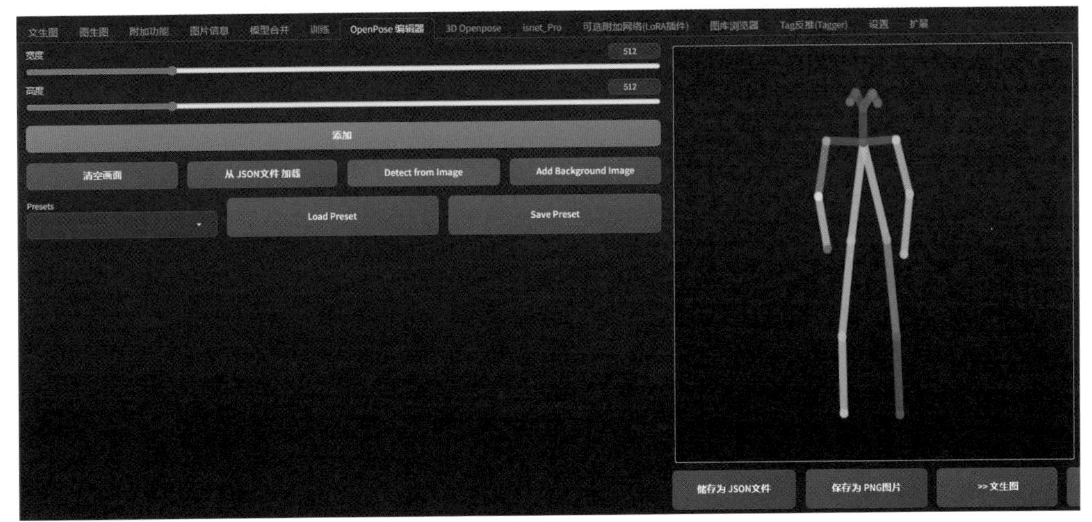

图16.1-2

步骤③ 如图 16.1-3 所示，根据图像所需的风格选择相关的真实风格模型。

图16.1-3

步骤④ 如图 16.1-4 所示，打开 ContorlNet 面板，点击启用、允许预览，控制类型选择 OpenPose，预处理器选择 openpose_full，模型选择 control_v11p_sd15_openpose [cab727d4]。

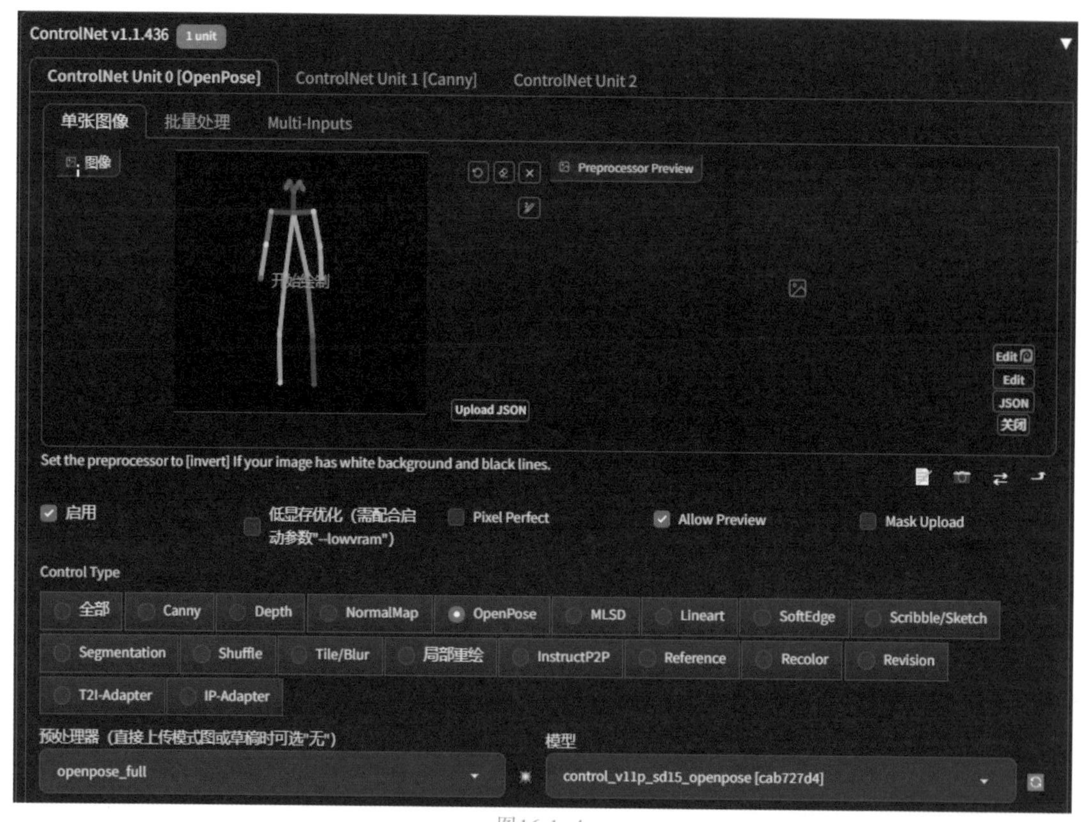

图16.1-4

步骤⑤ 如图 16.1-5 所示，再增加一个 ContorlNet 面板，点击启用、允许预览，控制类型选择 Canny，预处理器选择 canny，模型选择 control_v11p_sd15_canny [d14c016b]，点击 （预览）按钮，在预览窗口查看预处理结果。

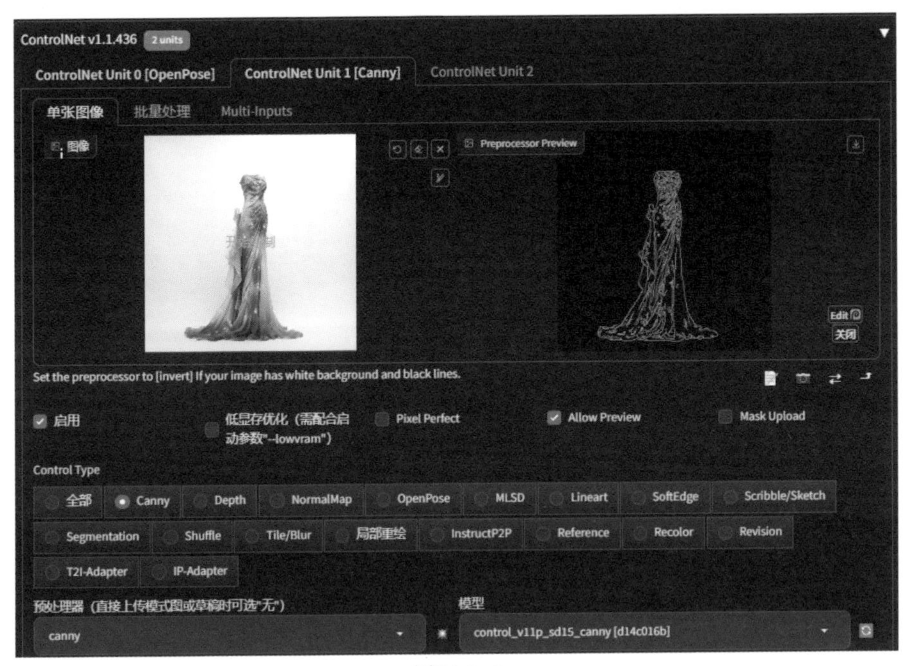

图16.1-5

步骤⑥ 如图 16.1-6 所示，根据需求填写正向提示词和反向提示词。

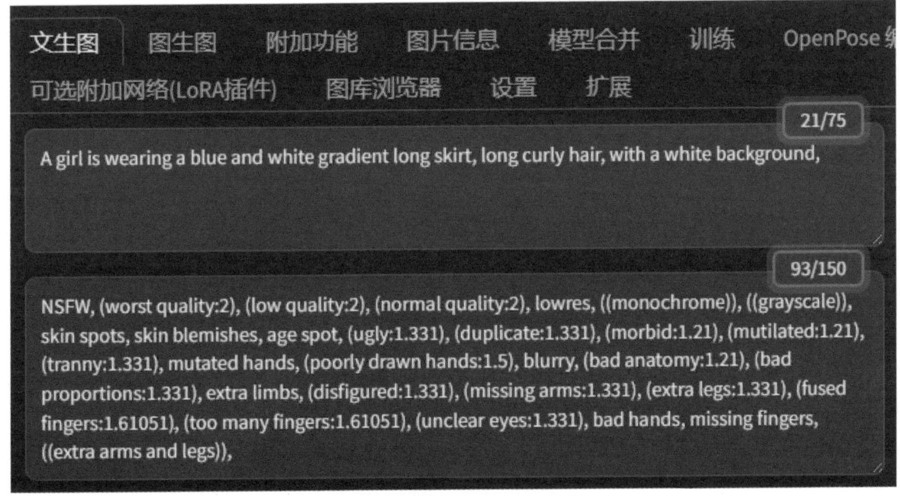

图16.1-6

正向提示词

A girl is wearing a blue and white gradient long skirt, long curly hair, with a white background,

一个女孩穿着一条蓝白色的渐变长裙，白色背景和长卷发，

反向提示词

NSFW, (worst quality:2), (low quality:2), (normal quality:2), lowres, ((monochrome)), ((grayscale)), skin spots, skin blemishes, age spot, (ugly:1.331), (duplicate:1.331), (morbid:1.21), (mutilated:1.21), (tranny:1.331), mutated hands, (poorly drawn hands:1.5), blurry, (bad anatomy:1.21), (bad proportions:1.331), extra limbs, (disfigured:1.331), (missing arms:1.331), (extra legs:1.331), (fused fingers:1.61051), (too many fingers:1.61051), (unclear eyes:1.331), bad hands, missing fingers, ((extra arms and legs)),

工作场所不宜，（最差质量：2），（低质量：2），（正常质量：2），低分辨率，（（单色）），（（灰度）），皮肤斑点，痤疮，老年斑，（丑陋：1.331），（重复：1.331），（病态：1.21），（残缺：1.21），（变性：1.331），突变的手，（画得不好的手：1.5），模糊，（解剖结构不好：1.21），（坏比例：1.331），额外的四肢，（毁容：1.331），（缺少手臂：1.331），（额外的腿：1.331），（融合的手指：1.61051），（手指太多：1.61051），（眼睛不清楚：1.331），坏手，缺指，（（多胳膊和腿）），

步骤⑦ 如图 16.1-7 所示，采样方法选择 DPM++2M Karras，将迭代步数调整为 30。

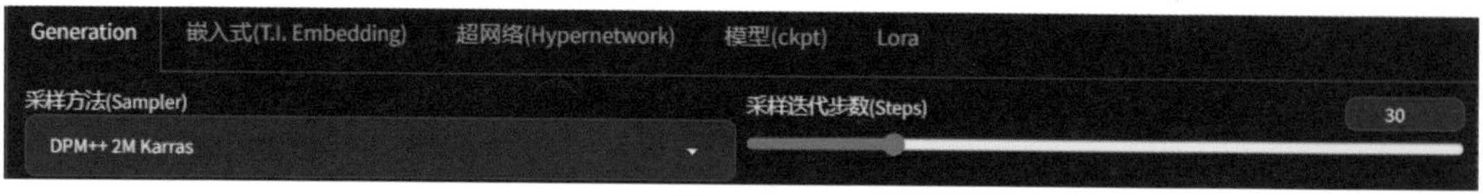

Generation 嵌入式(T.I. Embedding) 超网络(Hypernetwork) 模型(ckpt) Lora
采样方法(Sampler) DPM++ 2M Karras
采样迭代步数(Steps) 30

图16.1-7

步骤⑧ 如图 16.1-8 所示，选择图像的宽高比例，其他参数保持不变。

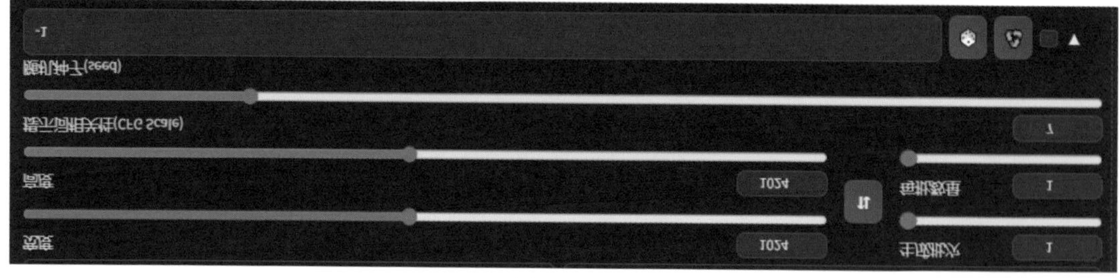

图16.1-8

步骤⑨ 如图 16.1-9 所示，单击生成按钮后得到模特效果图。

图16.1-9

步骤 ⑩ 如图 16.1-10 和图 16.1-11 所示，将生成的图像置入 Photoshop。将产品图覆盖在生成的模特效果图上，并制作裙子的黑白蒙版图。

图16.1-10

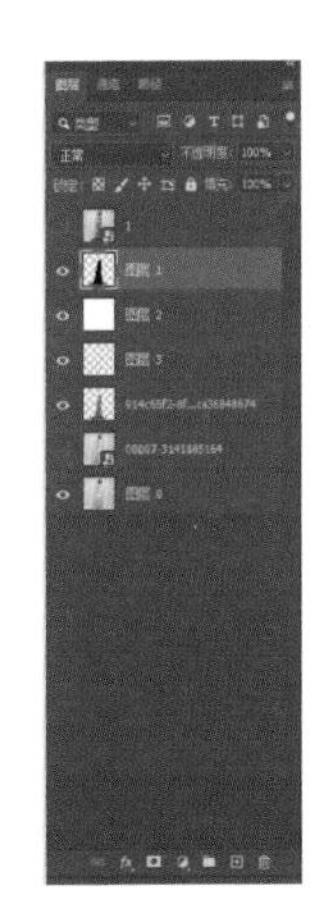

图16.1-11

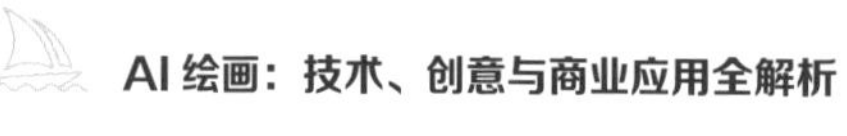

步骤 ⑪ 如图 16.1-12 所示，进入 Stable Diffusion 的图生图界面，找到局部重绘（上传蒙版）选项，分别上传模特效果图和黑白蒙版图。

图16.1-12

步骤 ⑫ 如图 16.1-13 所示，将蒙版模糊度调整为 11，其他参数保持不变。

图16.1-13

步骤 ⑬ 如图 16.1-14 所示，打开 ContorlNet 面板，点击启用、允许预览，控制类型选择 OpenPose，预处理器选择 openpose_full，模型选择 control_v11p_sd15_openpose [cab727d4]，点击💥（预览）按钮，在预览窗口查看预处理结果。

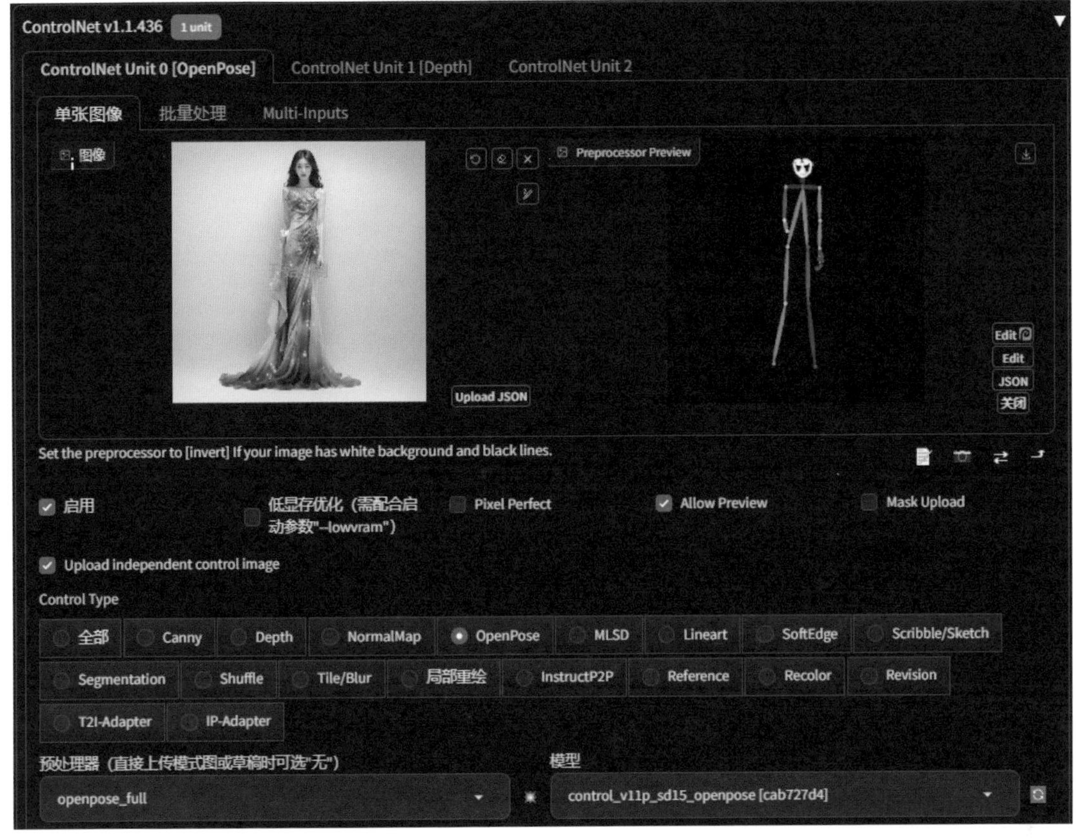

图16.1-14

步骤 ⑭ 如图 16.1-15 所示，再增加一个 ContorlNet 面板，点击启用、允许预览，控制类型选择 Depth，预处理器选择 depth_midas，模型选择 control_v11f1p_sd15_depth [cfd03158]，点击💥（预览）按钮，在预览窗口查看预处理结果。

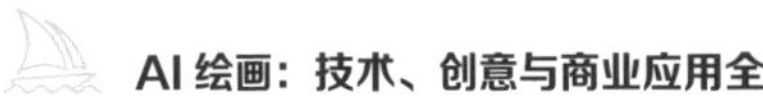

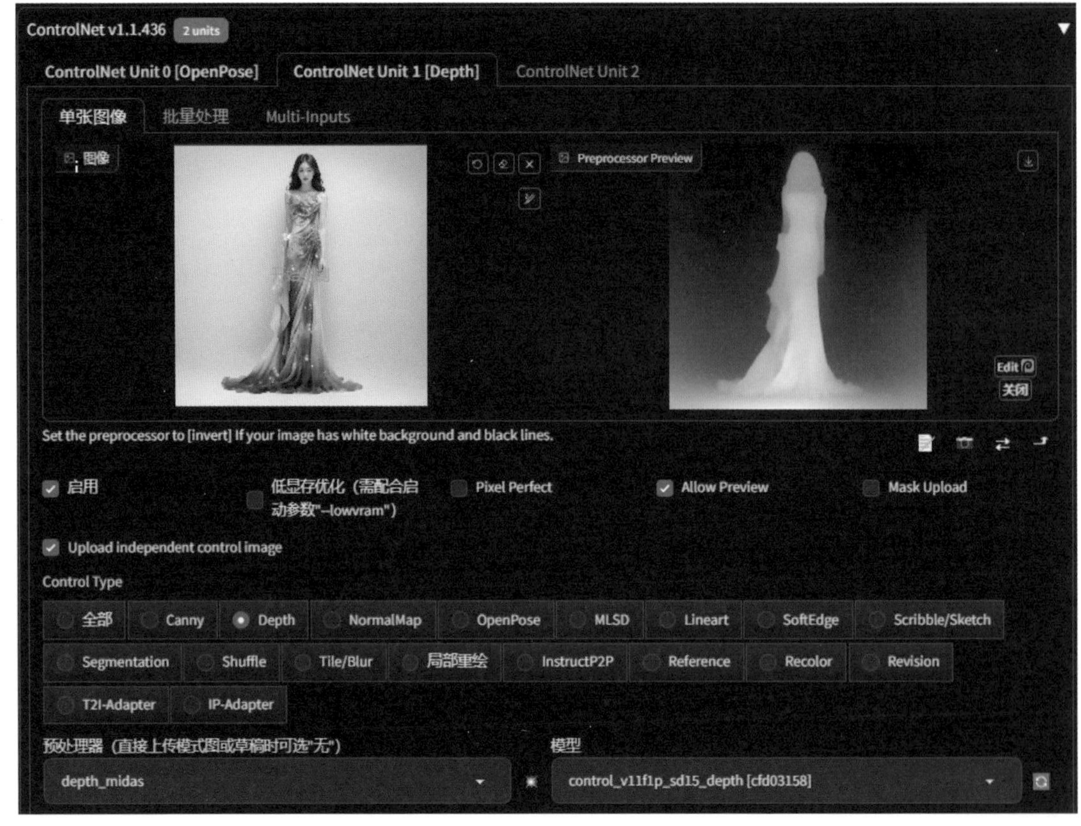

图16.1-15

步骤 ⑮ 如图 16.1-16 所示，采样方法选择 Euler a，将迭代步数调整为 30。

图16.1-16

步骤 ⑯ 如图 16.1-17 所示，选择图像的宽高比例，其他参数保持不变。

图16.1-17

步骤 ⑰ 如图 16.1-18 所示，根据需求填写正向提示词和反向提示词，单击生成按钮，

等待图像的生成。

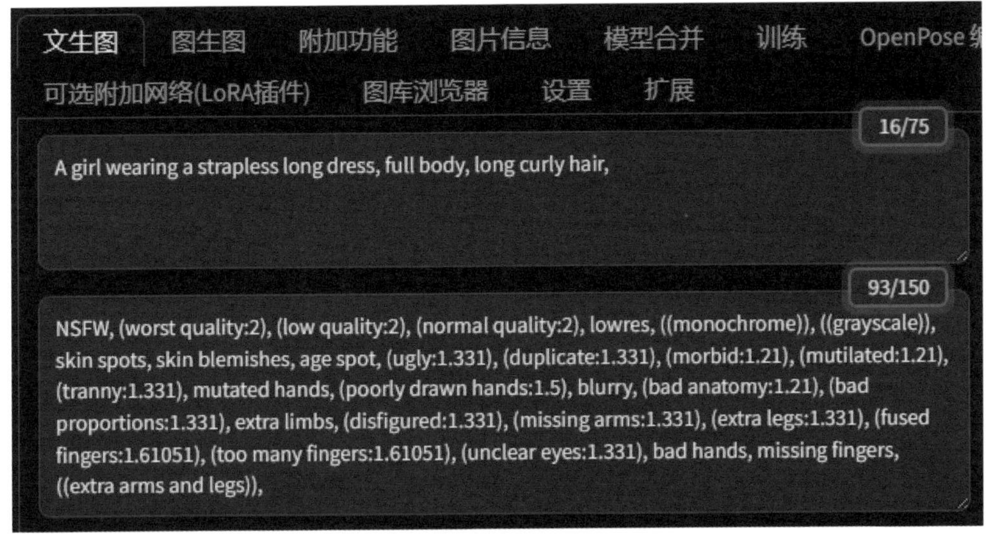

图16.1-18

正向提示词

A girl wearing a strapless long dress, full body, long curly hair,

一个女孩穿着无肩带的长裙，全身，长卷发，

反向提示词

同步骤⑥所示

步骤 ⑱ 完成后最终效果如图 16.1-19 所示。

图16.1-19

作者心得

在进行模特换装时，主要依靠 OpenPose 来控制模特姿态，openpose 姿态的获取方法有很多：可以根据图像提取，也可以运用 openpose 编辑器和 3D openpose。

16.2 产品设计

用 AI 进行产品设计，可以用于商业的宣传，并为设计师提供版式的初期参考，为后期的制作节省时间，从而提高效率。

步骤① 如图 16.2-1 所示，在界面下方的文本框内输入英文符号 /，并选择 /imagine 命令，在 /imagine 命令后的 prompt 栏中输入提示词。

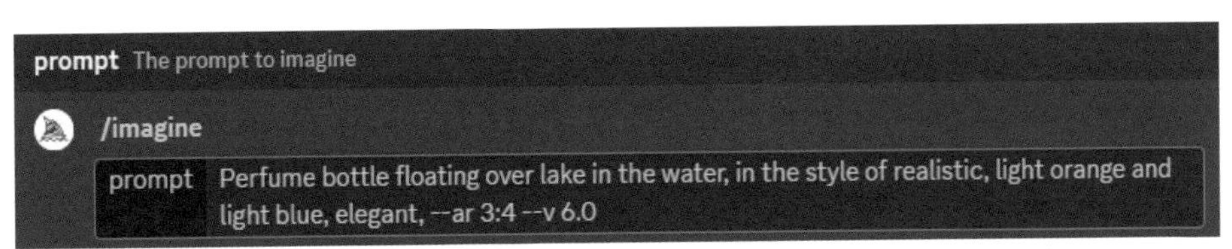

图16.2-1

提示词

Perfume bottle floating over lake in the water, in the style of realistic, light orange and light blue, elegant, --ar 3:4 --v 6.0

浮在湖面上的香水瓶，以真实画风，淡橙色和淡蓝色，优雅，出图比例 3:4，版本 v 6.0

步骤② 如图 16.2-2 所示，在生成的图中选择自己想要的图像（U3）。点击大图，选择用浏览器打开，在网页内右键保存图像。

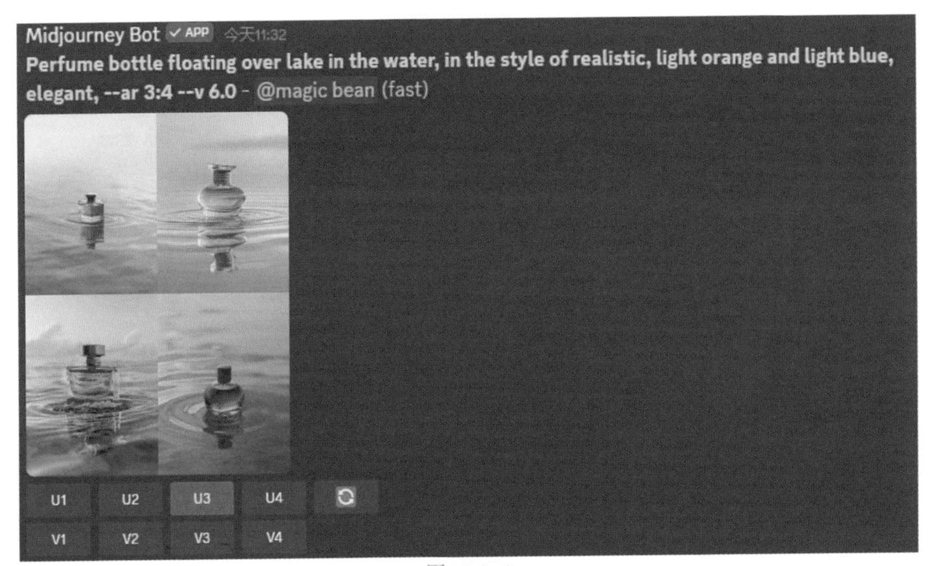

图16.2-2

步骤③ 如图 16.2-3 所示，将 Midjourney 生成的图像置入 Photoshop 中，可以进行基础的后期处理制作。调整图像的占比大小，并利用文字工具进行排版加工。

图16.2-3

步骤④ 完成后最终效果如图 16.2-4 所示。

图16.2-4

作者心得

在用 Midjourney 设计产品时，需要先提前思考产品的基本属性，在预设的基础上输入提示词，这样才能让 Midjourney 生成的图像更贴合我们的想象和预设。

16.3 直播间礼物设计

在当今的自媒体时代，AI 同样可以在直播中起到辅助作用，比如进行直播间礼物设计。

步骤① 如图 16.3-1 所示，在界面下方的文本框内输入英文符号 /，并选择 /imagine 命令，在 /imagine 命令后的 prompt 栏中输入提示词。

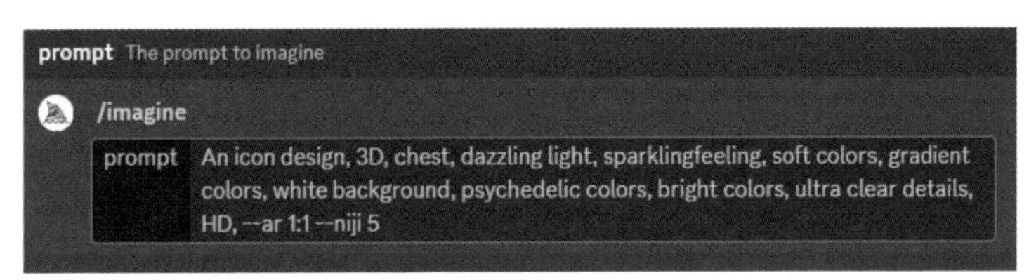

图16.3-1

提示词

An icon design, 3D, chest, dazzling light, sparkling feeling, soft colors, gradient colors, white background, psychedelic colors, bright colors, ultra clear details, HD, --ar 1:1 --niji 5

一个图标设计，三维，箱子，耀眼的光，闪闪发光的感觉，柔和的颜色，渐变的颜色，白色的背景，迷幻的颜色，明亮的颜色，超清晰的细节，高清，出图比例 1:1，版本 niji 5

步骤② 如图 16.3-2 所示，在生成的图中选择自己想要的图像（U3）。点击大图，选择用浏览器打开，在网页内按右键保存。

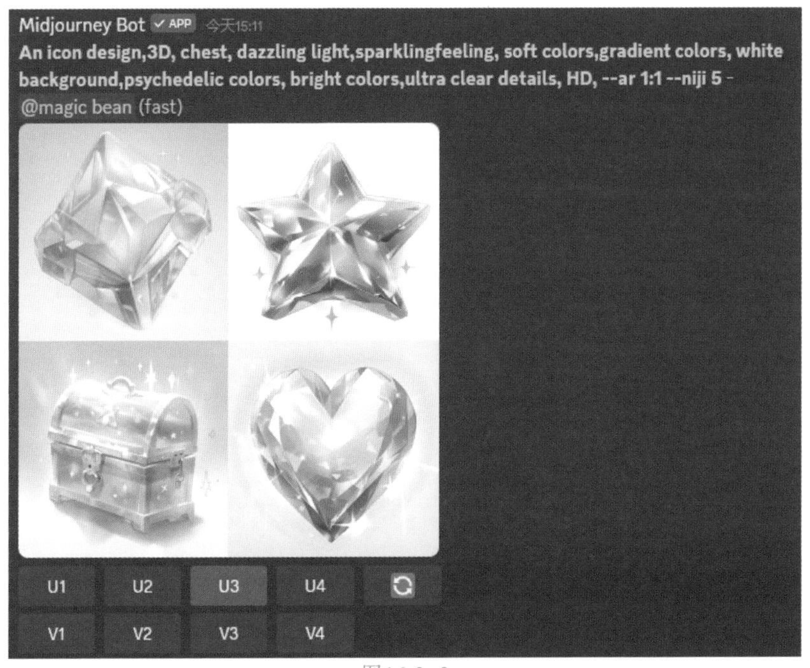

图16.3-2

步骤③ 完成后最终效果如图 16.3-3 所示。

图16.3-3

作者心得

可以通过更改提示词的主体，用 AI 设计一套风格相似的系列作品。比如将主体词换为跑车、钻石、星星等。

第 17 章　摄影作品制作

摄影是当今一种常见的记录形式。不同的构图和色调，可以反映出摄影师想传达的不同的视觉效果和想法。在 AI 时代，人工智能工具可以提供和激发摄影师的灵感，便捷拍摄的过程，并降低成本。

17.1 微距摄影

微距摄影，又称特写摄影，是摄影中一种常见的形式，通过放大事物微小细致的部分，从而展现其细节、纹理等。AI 工具可以辅助微距摄影的进行。

步骤① 如图 17.1-1 所示，在界面下方的文本框内输入英文符号 /，并选择 /imagine 命令，在 /imagine 命令后的 prompt 栏中输入提示词。

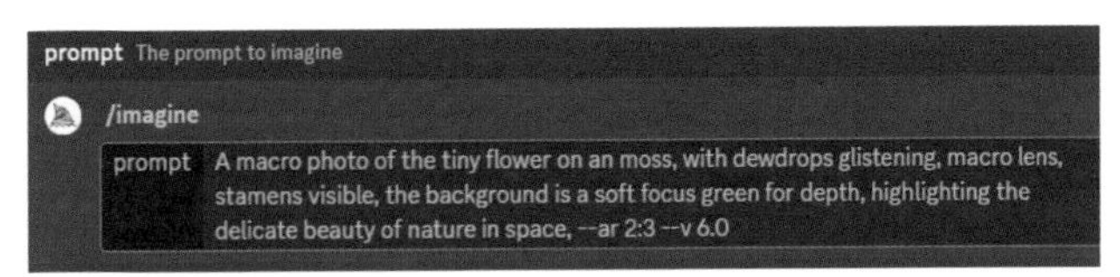

图17.1-1

提示词

A macro photo of the tiny flower on an moss, with dewdrops glistening, macro lens, stamens visible, the background is a soft focus green for depth, highlighting the delicate beauty of nature in space, --ar 2:3 --v 6.0

一幅苔藓上的小花的微距照片，露珠闪闪发光，微距镜头，可以看见雄蕊，背景为有景深的柔焦绿色，突出自然在空间中的微妙之美，出图比例 2:3，版本 v 6.0

步骤② 如图 17.1-2 所示，在生成的图中选择自己想要的图像（U3）。点击大图，选择用浏览器打开，在网页内按右键保存。

图17.1-2

步骤③ 完成后最终效果如图 17.1-3 所示。

图17.1-3

作者心得

在用 AI 进行摄影作品的制作时，可以在提示词中添加有关摄影的专属名词，如：macro lens（微距镜头）、depth of field effect（景深效果）、close shot（近景）、medium shot（中景）、aerial view（鸟瞰图）、bokeh effect（散景效果）等。

17.2 人像摄影

微距摄影，又称特写摄影，是摄影中一种常见的形式，通过放大事物微小细致的部分，从而展现其细节、纹理等。AI 工具可以辅助微距摄影的进行。

步骤① 如图 17.2-1 所示，准备好一张自己的照片用于换脸。

图17.2-1

步骤② 如图 17.2-2 和图 17.2-3 所示，在界面下方的文本框内输入英文符号 /，并选择 /saveid 命令。将准备好的照片拖入虚线框，在 idname 栏为照片起一个 10 个字符内的名字用于区分。按回车键发送指令，会显示该 ID 已创建。

图17.2-2

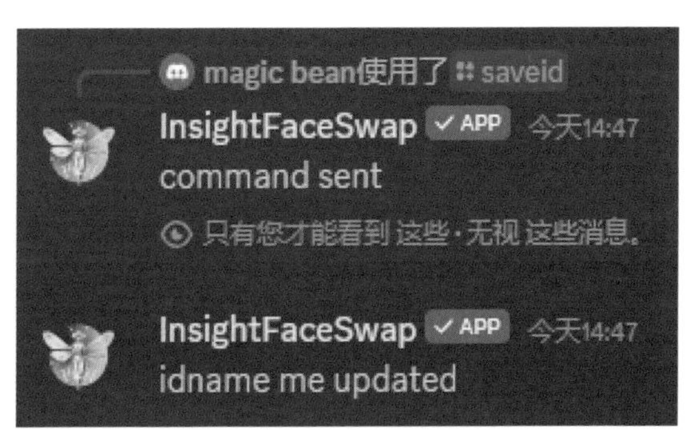

图17.2-3

步骤③ 如图 17.2-4 所示，在界面下方的文本框内输入英文符号 /，并选择 /imagine 命令，在 /imagine 命令后的 prompt 栏中输入提示词。

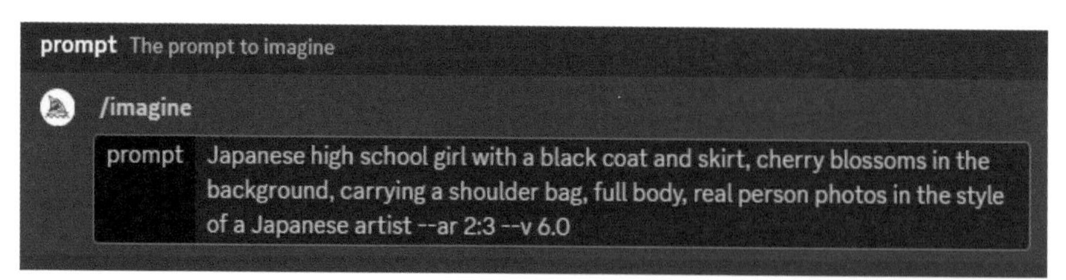

图17.2-4

提示词

Japanese high school girl with a white shirt and pink skirt, cherry blossoms in the background, carrying a shoulder bag, real person photo in the style of a Japanese artist, --ar 2:3 --v 6.0

一个穿着白色衬衫和粉色裙子的日本高中女生，背景是樱花，背着一个肩包，日本艺术家风格的真人照片，出图比例 2:3，版本 v 6.0

步骤④ 如图 17.2-5 所示，在生成的图中选择自己想要的图像（U3）。

图17.2-5

步骤⑤ 如图 17.2-6 所示，右键图像，选择 APP 中的 INSwapper，即可换脸。点击大图，选择用浏览器打开，在网页内按右键保存。

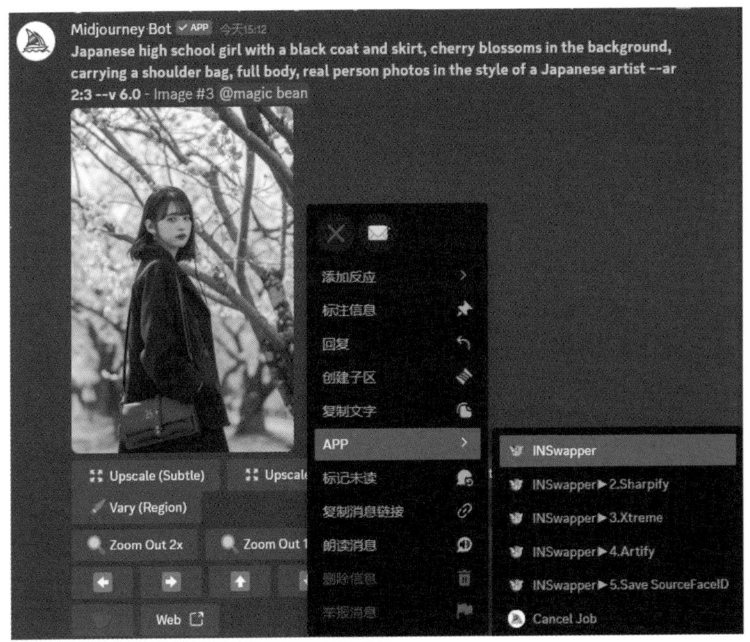

图17.2-6

步骤⑥ 完成后最终效果如图 17.2-7 所示。

图17.2-7

作者心得

在用 AI 进行换脸时，上传自己的图像时尽量使用高清的正脸照片，面部也不要有眼镜等遮挡物，这样才能达到更好的效果。

17.3 风景摄影

风景摄影，是指将主要创作题材确定为展现自然风光的原创作品，可以给人带来视觉享受，给予感官和心灵的愉悦。

步骤① 如图 17.3-1 所示，在界面下方的文本框内输入英文符号 /，并选择 /imagine 命令，在 /imagine 命令后的 prompt 栏中输入提示词。

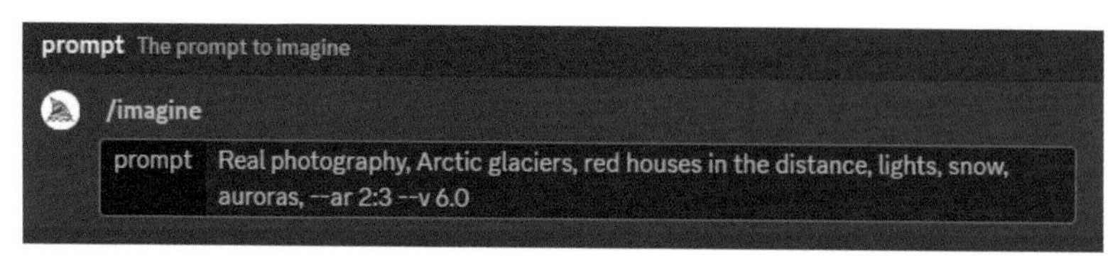

图17.3-1

提示词

Real photography, Arctic glaciers, red houses in the distance, lights, snow, auroras, --ar 2:3 --v 6.0

真实摄影，北极冰川，远处有红房子，灯光，雪，极光，出图比例 2:3，版本 v 6.0

步骤② 如图 17.3-2 所示，在生成的图中选择自己想要的图像（U4）。点击大图，选择用浏览器打开，在网页内按右键保存。

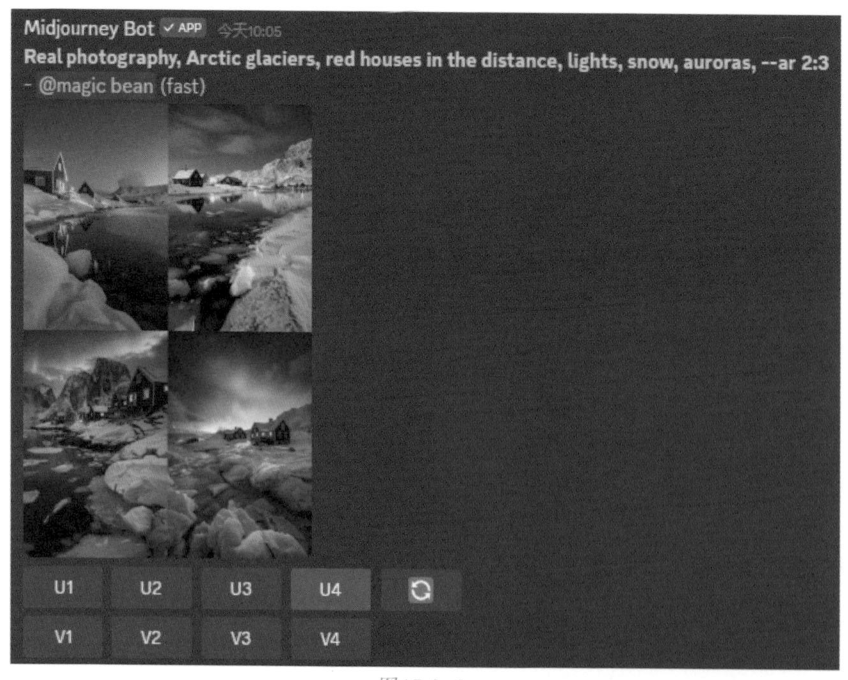

图17.3-2

步骤③ 完成后最终效果如图 17.3-3 所示。

图17.3-3

作者心得

在用 AI 制作风景摄影作品，需要考虑到画面中的色彩搭配，在丰富亮眼的同时，尽量不要让照片中的色彩超过 4 种，否则画面会显得很杂乱。只有正确的色彩搭配，才能让画面呈现出视觉冲击力。

第 18 章 家具、室内及建筑设计

饰物与家具可以辅助室内的布置，而空间设计和建筑设计可以满足人们社会生活的需要。AI 工具的出现，可以提高绘制的效率，并提供色彩和构图的创意。

18.1 家具设计

家具及空间设计的内容不胜枚举，AI 工具能够辅助进行室内的二度陈设，让家居和空间设计的应用更加便捷。

步骤① 如图 18.1-1 所示，在界面下方的文本框内输入英文符号 /，并选择 /imagine 命令，在 /imagine 命令后的 prompt 栏中输入提示词。

图18.1-1

提示词

Desk design, desk, office desk, IKEA style, bright color, kids furniture, 8K, --ar 3:2 --v 6.0

书桌设计，桌子，办公桌，宜家风格，色彩鲜艳，儿童家具，出图比例 3:2，版本 v 6.0

步骤② 如图 18.1-2 所示，在生成的图中选择自己想要的图像（U2）。点击大图，选择用浏览器打开，在网页内按右键保存。

图18.1-2

步骤③ 完成后最终效果如图 18.1-3 所示。

图18.1-3

作者心得

在进行家具的绘制时，一定要在提示词中明确使用对象和想要的风格，否则生成的图像都比较单一刻板，风格化程度较低。除此之外，也可以在提示词中加入风格化系数来控制创意程度的高低。

18.2 客厅设计

AI 还可以辅助室内的装修设计，提供相关的样式参考和风格建议。

步骤① 如图 18.2-1 所示，在界面下方的文本框内输入英文符号 /，并选择 /imagine 命令，在 /imagine 命令后的 prompt 栏中输入提示词。

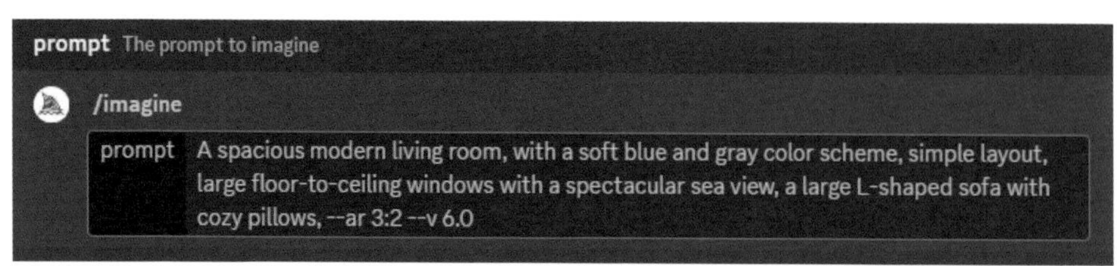

图18.2-1

提示词

A spacious modern living room, with a soft blue and gray color scheme, simple layout, large floor-to-ceiling windows with a spectacular sea view, a large L-shaped sofa with cozy pillows, --ar 3:2 --v 6.0

一个宽敞的现代客厅，柔和的蓝灰配色，简单的布局，能看到壮观海景的巨大的落地窗，一个大的 L 形沙发和舒适的枕头，出图比例 3:2，版本 v 6.0

步骤② 如图 18.2-2 和图 18.2-3 所示，在生成的图中选择自己想要的图像（U4）。点击大图，发现画面中某些细节部分需要调整。

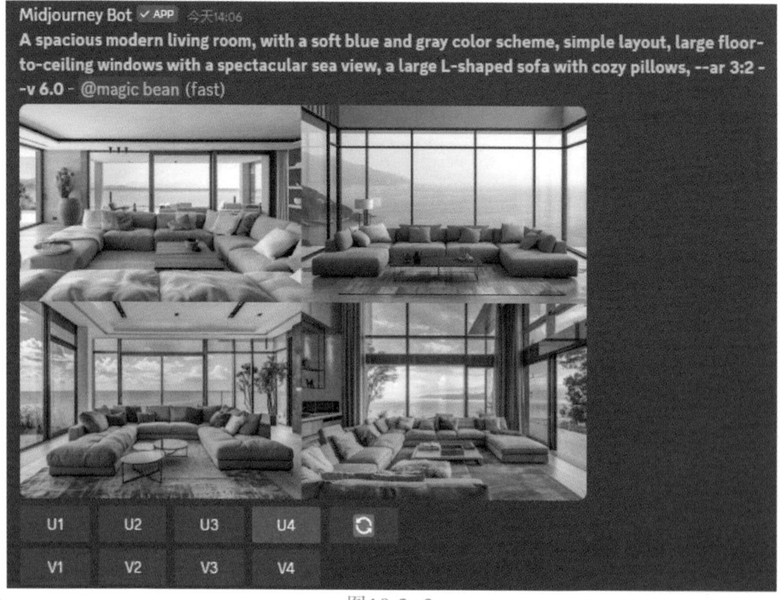

图18.2-2

图18.2-3

步骤③ 如图 18.2-4 和图 18.2-5 所示，单击 Vary（Region）按钮，圈出画面中需要调整的细节。

图18.2-4

图18.2-5

步骤④ 如图 18.2-6 所示，在调整后的图中选择自己想要的图像（U4）。点击大图，选择用浏览器打开，在网页内按右键保存。

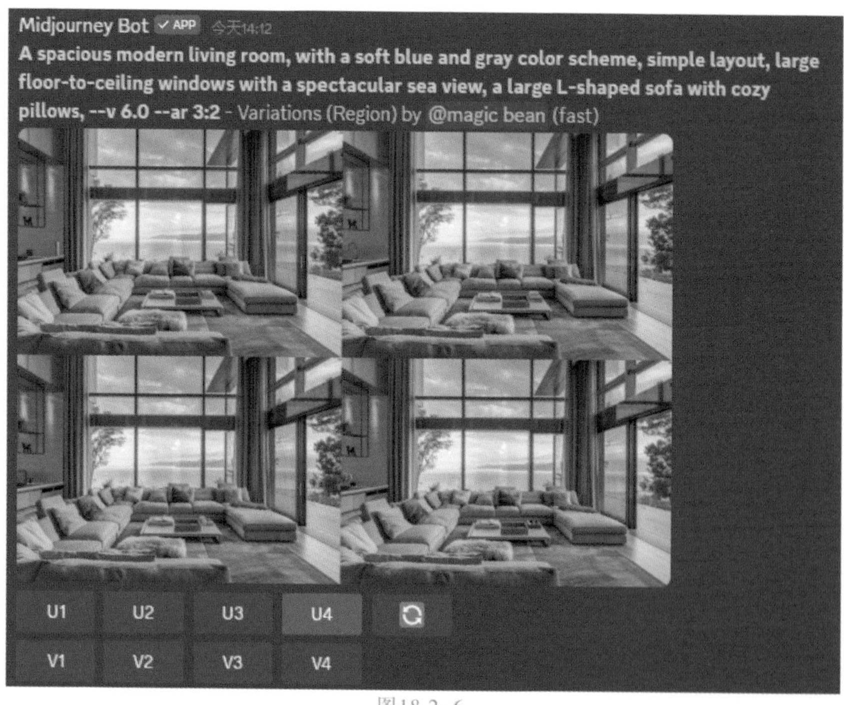

图18.2-6

步骤⑤ 完成后最终效果如图 18.2-7 所示。

图18.2-7

作者心得

如果心中已经确定了大致的室内设计风格，可以用想要的风格图进行垫图，从而让 Midjourney 在此基础上进行创作。

18.3 小院改造

Stable Diffusion 可以简化建筑设计的流程，更快速地列出多种设计方案以供客户选择，这个工具不仅能节省时间，还能减少大量的试错成本。

步骤① 如图 18.3-1 所示，准备好一张需要改造的小院照片。

图18.3-1

步骤② 如图 18.3-2 所示，打开 Stable Diffusion，根据图像所需的风格选择相应的真实模型。

图18.3-2

步骤③ 如图 18.3-3 所示，打开 ContorlNet 面板，点击启用、允许预览，控制类型选择 depth，预处理器选择 depth_leres++，模型选择 control v11f1p_sd15_ depth [cfd03158]，点击💥（预览）按钮，在预览窗口查看预处理结果。

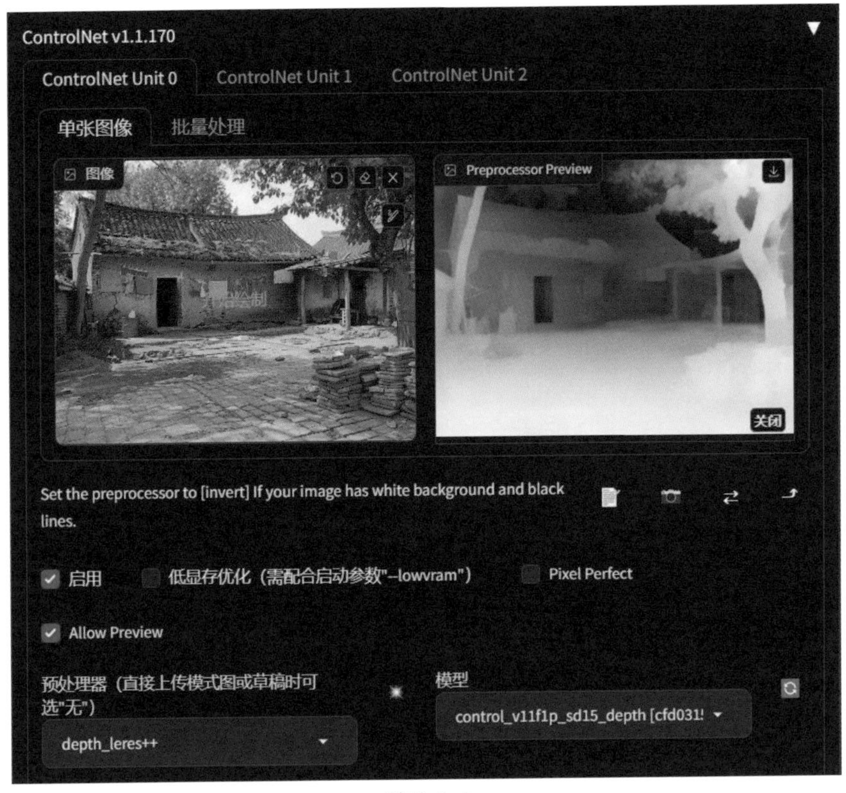

图18.3-3

步骤④ 如图 18.3-4 所示，根据需求填写正向提示词。

图18.3-4

提示词

Rural renovation, small courtyards, villa residences, more details, 8K,

乡村改造，小庭院，别墅住宅，更多细节，8K，

步骤⑤ 如图 18.3-5 所示，将迭代步数调整为 25。

图18.3-5

步骤⑥ 如图 18.3-6 所示，选择图像的宽高比例，其他参数保持不变。

宽度 1264
高度 944
生成批次 1
每批数量 1
提示词相关性(CFG Scale) 7
随机种子(seed) -1

图18.3-6

步骤⑦ 单击生成按钮，等待图像的生成。完成后最终效果如图 18.3-7 所示。

图18.3-7

作者心得

当每批数量设置过高时，可能会导致无法生成效果图，建议根据电脑配置选择合适的每批数量，以确保软件顺畅运行，避免因系统资源不足而影响工作效率。